LES

# MACHINES MAGNÉTO-ÉLECTRIQUES

## FRANÇAISES

ET

# L'APPLICATION DE L'ÉLECTRICITÉ

## A L'ÉCLAIRAGE DES PHARES.

# LES MACHINES

# MAGNÉTO-ÉLECTRIQUES

## FRANÇAISES

ET

# L'APPLICATION DE L'ÉLECTRICITÉ

## À L'ÉCLAIRAGE DES PHARES

*Deux leçons*
*faites à la Société d'Encouragement pour l'Industrie Nationale*

## PAR F. P. LE ROUX.

PARIS,

GAUTHIER-VILLARS, SUCCESSEUR DE MALLET-BACHELIER,

Imprimeur-Libraire

DU BUREAU DES LONGITUDES, DE L'ÉCOLE IMPÉRIALE POLYTECHNIQUE,

QUAI DES AUGUSTINS, 55.

—

1868

LES

# MACHINES MAGNÉTO-ÉLECTRIQUES

## FRANÇAISES

ET

# L'APPLICATION DE L'ÉLECTRICITÉ

## A L'ÉCLAIRAGE DES PHARES

*Deux leçons faites à la Société d'Encouragement*

### Par F.-P. LE ROUX.

## I.

### LA MACHINE MAGNÉTO-ÉLECTRIQUE.

Messieurs, dans ces dernières années, le principe philosophique de l'équivalence des forces ou agents physiques a fait de remarquables progrès au double point de vue de la théorie et de l'expérimentation. Nous n'entreprendrons pas aujourd'hui d'analyser les immenses résultats de ce grand mouvement scientifique ; disons seulement que parmi ces résultats, il en est deux qui intéressent plus spécialement l'industrie : le premier a été de fournir des arguments décisifs pour l'abandon de bien des tentatives qui touchaient de près à la recherche du mouvement perpétuel ; le second, qui est en quelque sorte la réciproque du premier, a été d'encourager les inventeurs dans la poursuite de certaines transformations des agents naturels, en permettant de prévoir qu'elles seraient avantageuses au point de vue économique.

1.—Considérons, par exemple, la transformation de l'électricité en travail mé-

1

canique. Combien d'existences et de fortunes se sont déjà usées à la poursuite d'un moteur électro-magnétique ! Que de fois les annonces les plus pompeuses se sont trouvées démenties par l'expérience ! Deux ordres de difficultés ont jusqu'ici arrêté ce genre de transformation : d'une part, les machines en question ne donnent que peu de force sous un grand volume ; de l'autre, la dépense est considérable relativement à celle des machines à vapeur. Admettons que la première difficulté puisse un jour être vaincue, la seconde reste, et il va nous être facile d'apprécier qu'elle devra bien longtemps encore subsister. La force ou travail mécanique est dans toutes nos machines un résultat de la transformation de la chaleur ; or, une quantité donnée de chaleur ne peut fournir, au plus, qu'une quantité déterminée de travail mécanique ; suivant la perfection de la machine qui opère cette transformation, le rendement approchera plus ou moins du rendement théorique. Supposons que les deux machines que nous voulons comparer, machine à vapeur et machine électro-magnétique, donnent le même rendement, c'est-à-dire que, si on considère les quantités de travail qu'elles fournissent pour une même quantité de chaleur dissipée par chacune d'elles, ces quantités soient égales. Cela étant, remarquons que cette chaleur, origine du travail mécanique, nous la fournissons à la machine à vapeur sous l'état de charbon, car l'oxygène de l'air, qui est le second élément de la combustion de ce charbon, n'a pas à intervenir au point de vue économique. Dans une machine électro-magnétique, cette chaleur résulte d'autres actions chimiques, telles que la dissolution du zinc dans un acide, par exemple. En supposant les deux machines parfaites, toute la question économique se résume donc en celle-ci : combien coûte une unité de chaleur suivant qu'elle est produite soit par la combustion de la houille sous une chaudière à vapeur, soit par la dissolution du zinc ou par d'autres actions chimiques opérées dans une pile? Or les expériences que notre regretté collègue Silbermann a faites autrefois avec M. Favre nous apprennent que, tandis que 1 gramme de charbon, dans sa combustion avec l'oxygène, dégage 8 unités de chaleur, la dissolution de 1 gramme de zinc dans l'acide sulfurique en dégage 0,55. Donc déjà, pour produire dans les deux cas une même quantité de chaleur, là où la combustion de 1 gramme de charbon suffirait, il faudrait la dissolution d'un peu plus de 14 grammes de zinc. Si maintenant nous remarquons que le prix du zinc est environ quinze fois celui du charbon industriel, nous trouvons, sans même compter les acides, dont la valeur est loin d'être négligeable, que le prix de l'unité de chaleur fournie par la combustion du charbon est à celui de l'unité de chaleur fournie par la dissolution du zinc comme l'unité est à 210; autrement dit, il coûterait au moins 210 fois plus cher à se chauffer en dissolvant du zinc qu'en brûlant du charbon de terre. Ce résultat ne doit d'ailleurs pas nous surprendre si nous voulons bien réfléchir que le zinc que nous dissolvons a dû, pour arriver à l'état où nous l'employons, causer la dépense d'une quantité considérable de charbon, sans compter la main-d'œuvre : il a fallu extraire le minerai, le transporter, le préparer, opérer sa réduction, amener enfin, par des opérations mécaniques, le métal sous la forme convenable. Les acides eux-mêmes qu'on emploie dans les piles ont une valeur qui est en raison du travail qu'il a fallu dépenser pour leur préparation.

En résumé, le charbon peut être considéré comme étant directement ou indirectement la source de toute action mécanique cherchée en dehors des moteurs naturels ; son emploi le plus direct devra donc être, sauf de bien rares exceptions, le moins dispendieux, et, à moins de savoir produire de l'électricité avec des matériaux moins précieux que le zinc ou les métaux connus, il n'y a pas lieu d'espérer tirer un avantage économique des moteurs électro-magnétiques ; autrement dit encore, l'électricité coûte jusqu'ici trop cher.

2. — Ainsi, Messieurs, il n'est pas économique de transformer l'électricité en travail mécanique ; mais, alors, il devra l'être de transformer le travail mécanique en électricité. C'est précisément ce que l'expérience est venue démontrer, et ce sont les circonstances de cette transformation que nous allons étudier, ses résultats industriels que nous allons chercher à apprécier.

On a longtemps distingué deux sortes d'électricité : l'électricité *statique* et l'électricité *dynamique*. Mais les phénomènes qui paraissaient autrefois nettement séparés tendent aujourd'hui à rentrer sous des lois communes, et, aux expressions ci-dessus on commence généralement à substituer les expressions *électricité à haute tension, à basse tension*. Les anciennes machines où un plateau de verre frotte entre des coussins fournissent de l'électricité à *haute tension* ; les piles, de l'électricité à *basse tension*.

La production mécanique de l'électricité à haute tension, dont les machines à frottement nous offrent l'exemple, a été jusques à présent une transformation fort peu économique du travail en électricité. Depuis peu de temps on a réussi à faire plusieurs machines à haute tension, telles que celle de M. Holtz, dans lesquelles la cause du développement d'électricité n'étant plus le frottement, il y a une beaucoup moins grande perte de force mécanique. Dans ses appareils d'induction, M. Ruhmkorff a réussi à perfectionner considérablement la production chimique de l'électricité à haute tension.

C'est ce même principe de l'*induction* qui sert de point de départ aux appareils puissants qui sont sous vos yeux, fournissant les torrents d'électricité à basse tension qui se traduisent par la brillante lumière qui éclaire cette salle. Pour bien faire comprendre le jeu de ces appareils, il est nécessaire que nous rappelions en quelques mots les principes de l'induction électro-magnétique ; ce sera d'ailleurs l'occasion d'embrasser d'un rapide coup d'œil l'histoire d'une des plus belles conquêtes de la physique moderne.

3.—En 1820, Œrstedt découvre l'action du courant électrique sur l'aiguille aimantée ; la même année, Ampère formule la loi de cette action et, en même temps, découvre l'action des courants sur les courants, montre que deux courants de même sens s'attirent, que deux courants de sens contraire se repoussent, etc. Il songe ensuite à comprendre dans une seule et même théorie les phénomènes qui se manifestent entre les courants d'une part, entre les courants et les aimants de l'autre. C'est dans ce but qu'il crée sa célèbre hypothèse sur la constitution des aimants. Arago avait montré que, si on plaçait, dans l'intérieur d'une hélice parcourue par un courant électrique, des tiges de fer doux, elles prenaient une aimantation qui durait autant que le passage du courant ; des tiges d'acier trempé prenaient, dans les mêmes circonstances, une aimantation qui persistait après la cessation de ce courant. D'après Ampère, il existerait, dans l'intérieur des corps magnétiques, des courants électriques élémentaires circulant autour de certains groupes d'atomes. Dans les corps magnétiques non aimantés, dans un barreau de fer doux, par exemple, ces courants seraient orientés dans toutes les directions, mais le voisinage d'un aimant, ou bien d'un courant, pourrait donner à ces courants particulaires une orientation déterminée, de telle sorte que la résultante de leurs actions sur un point extérieur ne serait plus nulle comme lorsqu'ils ne présentaient aucune espèce d'orientation ; le barreau de fer doux deviendrait aimanté.

D'après cette hypothèse d'Ampère, une section faite, dans un barreau aimanté, perpendiculairement à sa ligne des pôles serait représentée, comme ci-contre (fig. 1), par une certaine quantité de courants fermés que nous supposons circulaires et qui seraient tous orientés dans le même sens, comme l'indiquent les flèches que nous avons figurées à côté de chacun d'eux.

Mais, d'après une loi démontrée expérimentalement par Ampère, les actions de deux courants infiniment voisins, sur tout autre système de courants ou d'aimants, se détruisent si ces deux courants voisins sont de sens contraire. On voit donc que les portions $c$ et $a'$ de deux courants particulaires contigus vont se détruire ; il en sera de même des portions $c'$ et $a''$ ; il n'y aura donc d'efficace, dans toute cette première pile verticale, que les parties extérieures $a$, $d$, $d'$, $d''$ et $c''$, car les parties intérieures $b$, $b'$, $b''$, dont nous n'avons pas encore parlé, sont détruites par les parties voisines $d_1, d'_1, d''_1$ de la pile voisine ; de

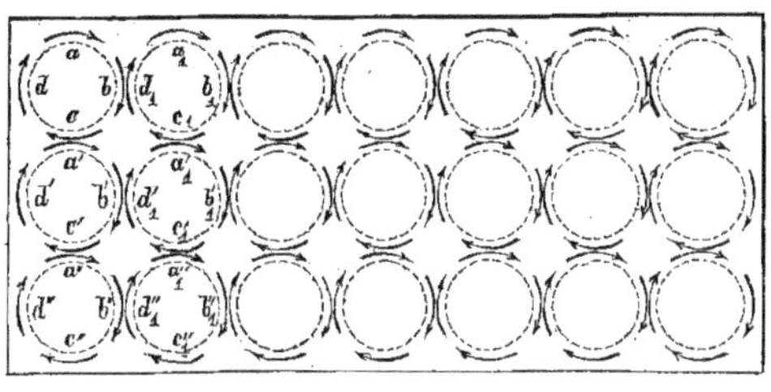

Fig. 1.

cette pile, il n'y aura d'ailleurs d'efficaces que les parties extérieures $a_1$ et $c''_1$.

En continuant ainsi, on voit facilement que les parties extérieures seules de tout le système seront efficaces, de telle sorte que l'effet de l'orientation des courants particuliers équivaudra (fig. 2) à la création d'un courant qui parcourrait le périmètre ABCD de la section considérée. Deux côtés opposés AB et CD de cette section étant de sens contraires, leurs actions sur un système extérieur seront contraires. Mais, si nous supposons que ce système extérieur soit placé sensiblement dans le plan de ABCD, et du côté de AB, par exemple, l'action de cette partie

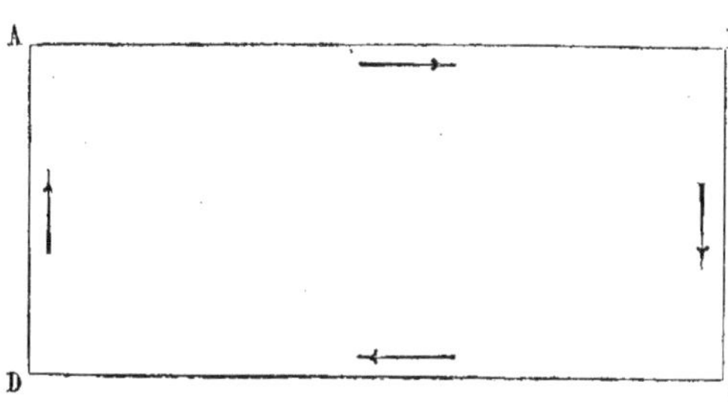

Fig. 2.

sera prédominante, et cela d'autant plus que AB et CD seront séparés par une plus grande distance, car toutes ces actions sont régies par la loi de la raison inverse du carré des distances. L'action de notre aimant sera donc d'autant plus forte que AB et BC, c'est-à-dire les deux dimensions de sa section, seront plus grandes.

Comme des difficultés pratiques empêchent de faire d'une seule pièce des aimants aussi larges et aussi épais qu'on pourrait le désirer, quand on veut obtenir de grandes puissances magnétiques, on superpose plusieurs lames les unes aux autres.

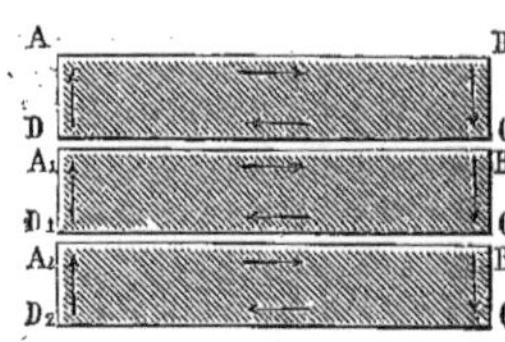

Fig. 3.

D'après un principe déjà invoqué, les actions de deux parties voisines CD et $A_1B_1$ se détruisent, car elles sont de sens contraires et supposées égales ; l'effet d'un faisceau tel que celui dont la figure 3 représente la coupe sera donc le même que celui d'une lame unique qui aurait pour section $ABC_2D_2$.

4. — C'est ainsi, Messieurs, que sont formés les aimants des machines placées sous vos yeux ; ils sont ordinairement composés de cinq ou six lames d'acier trempé, aimantées séparément, puis superposées et maintenues par des vis ou des brides. Ces lames ont la forme d'un fer à cheval ; cette forme ne change rien à leurs propriétés ; elle ne fait que rendre plus commodes les dispositions qui ont pour objet de faire agir les aimants sur les systèmes extérieurs, en rapprochant les extrémités qui sont les parties dont l'action doit être prédominante ; c'est ce que montre la figure 4. De plus, comme on le voit, et c'est sur ce point que je désirais surtout attirer votre attention, les courants constitutifs de l'aimant marchent, d'après Ampère, dans des sens opposés dans chacune des branches de l'aimant courbé en fer à cheval.

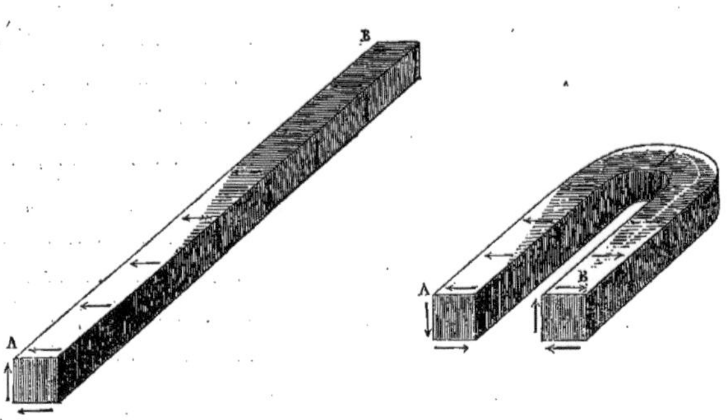

Fig. 4.

Répétons, d'ailleurs, pour éviter toute méprise, que ces courants sont purement hypothétiques, mais ils permettent de se rendre facilement compte des actions réciproques des aimants et des courants, et c'est pour cela que j'ai tenu à entrer à leur sujet dans quelques détails. Reprenons maintenant l'exposition historique des faits.

5. — En 1824, Gambey, en construisant des boussoles, remarqua que les oscillations des aiguilles aimantées s'éteignent beaucoup plus rapidement lorsqu'elles se font parallèlement à un disque de cuivre placé à très-faible distance ; cet effet n'est pas dû à la résistance de l'air, car un disque d'une substance non conductrice de l'électricité substitué au disque de cuivre ne produit pas les mêmes effets. Arago étudia ces faits ; il montra qu'un disque de cuivre en mouvement agit sur une aiguille aimantée, peut même l'entraîner dans le sens de son mouvement. Il donna à la cause inconnue de ces phénomènes le nom de *magnétisme en mouvement* ; cette dénomination ne faisait que rappeler les circonstances nécessaires à leur production sans rien préjuger sur leur cause et sans les rattacher à aucun phénomène déjà connu ; c'est ce qu'il était réservé à Faraday de faire en même temps qu'il allait découvrir toute une grande série de faits dont le magnétisme en mouvement d'Arago n'était qu'un cas particulier, créant ainsi une branche nouvelle de l'électricité, à laquelle on a donné le nom d'*induction*, et qui est précisément la raison d'être des appareils que nous nous proposons d'étudier en ce moment.

6. — Dès 1822, en voyant que deux circuits parcourus par des courants électriques prenaient, s'ils étaient libres, ou seulement l'un d'eux, certains mouvements relatifs, Ampère avait soupçonné que la réciproque pourrait bien être vraie, à savoir que, si deux circuits, dont l'un fût parcouru par un courant électrique, étaient animés d'un certain mouvement relatif, un courant électrique pourrait prendre naissance dans le second circuit, et y persister tant que la condition même de son existence, c'est-à-dire le mouvement, persisterait. Mais Ampère ne fit pas l'expérience, ce fut Faraday, qui, en 1834, eut la gloire impérissable de la réaliser et de mettre en lumière ce nouvel ordre de faits dont l'immense résultat peut se résumer en ces mots : *transformation de la force mécanique en électricité.*

Voici l'expérience fondamentale de l'induction.

Un circuit A B C (fig. 5) est parcouru par un courant électrique dont le sens est indiqué par les flèches ; un circuit A′ B′ C′ est placé à une certaine distance ; si on vient à diminuer cette distance, on aura dans ce circuit, pendant tout le temps que durera le mouvement de rapprochement, un courant de sens

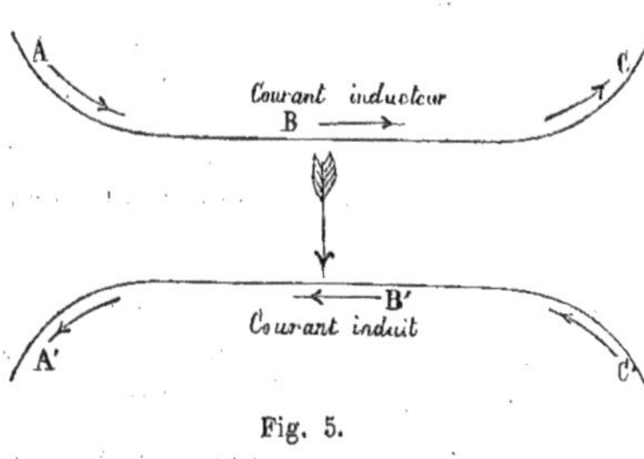


Fig. 5.

contraire à celui qui existe dans A B C ; si, au lieu de rapprocher, on éloignait, le courant serait de même sens que dans ABC. Le courant préexistant s'appelle *courant inducteur*, celui qui prend naissance dans le second circuit s'appelle *courant induit*. La figure 5 suppose qu'il y ait mouvement dans le sens du rapprochement des deux circuits, le circuit inducteur étant supposé mobile.

Le courant induit, vient-il d'être dit, n'existe que pendant le mouvement ; il est d'autant plus énergique que celui-ci est plus rapide, et que la distance qui sépare les deux circuits est plus faible.

On peut rapprocher ce phénomène de l'action attractive qui naît entre les courants ; on obtient ainsi cette loi : *le sens du courant induit est tel, que, s'il eût préexisté, il eût eu pour effet de déterminer un mouvement relatif de sens contraire à celui qui lui a donné naissance.*

7. — Quand un courant est en présence d'un circuit conducteur, ce n'est pas seulement lorsque la distance du courant au circuit vient à changer qu'un courant induit prend naissance dans ce circuit ; le même effet a lieu encore lorsque, tout restant fixe, l'intensité du courant préexistant vient à varier.

Le courant induit est de même sens que le courant inducteur quand l'intensité de celui-ci diminue, il est de sens contraire quand elle augmente. L'augmentation ou la diminution d'intensité font le même effet que le rapprochement ou l'éloignement. Le courant induit est d'ailleurs d'autant plus intense que la variation d'intensité qui lui donne naissance est plus rapide.

8. — Le mouvement relatif d'un aimant et d'un circuit pourra-t-il induire un courant dans ce circuit ? Si la théorie d'Ampère sur la constitution des aimants est réelle, la réponse est affirmative ; cette réponse affirmative, l'expérience la donne, mais cela ne veut pas dire que l'hypothèse d'Ampère soit nécessairement vraie, cela prouve seulement qu'elle pourra nous guider dans la prévision des phénomènes résultant du mouvement relatif d'un circuit et d'un aimant ; tel est l'usage que nous allons en faire.

Pour prévoir l'action inductrice d'un aimant sur un circuit, il suffit de rechercher quel est le sens des courants hypothétiques dans l'aimant, et d'appliquer la règle ci-dessus mentionnée de l'action des courants sur les courants. On trouve ainsi que

Un circuit $\left\{\begin{array}{l}\text{s'approchant}\\ \text{s'éloignant}\end{array}\right\}$ d'un aimant

devient le siége d'un courant induit $\left\{\begin{array}{l}\text{contraire}\\ \text{semblable}\end{array}\right\}$ à celui des courants hypothétiques de l'aimant, dont le sens est vers lesquels il marche parallèlement.

Comme exemple, examinons ce qui se passe dans un circuit qui se meut entre les deux pôles d'un aimant; c'est le cas des machines qui vont nous occuper spécialement : soit C (fig. 6) ce circuit mobile, se mouvant à peu près dans le plan de l'aimant. Il y a aussi à considérer l'action, sur C, des courants hypothétiques de la branche A et de la branche B. Je n'essayerai pas ici d'analyser chacune de ces actions, ce serait trop complexe, mais ce qu'il nous faut remarquer, c'est que les actions de ces deux branches conspirent, car les courants y sont de sens contraire, et le circuit C, en s'éloignant de l'une d'elles, se rapproche de l'autre.

Fig. 6.

Nous avons dit que l'action de chacune des branches sur le circuit C était complexe à analyser ; mais, en résumé, elle est assez faible, parce que toutes les actions partielles qu'il y a lieu de considérer ne sont pas concordantes.

Il est un moyen de rendre beaucoup plus énergique l'action inductrice de l'aimant sur le circuit C, c'est de mettre à l'intérieur de celui-ci (fig. 7) un noyau de fer doux. Ce fer doux prend une aimantation dont le sens est déterminé par la nature du pôle le plus voisin qui est ici le pôle A, et sa surface devient alors le siége de courants hypothétiques d'Ampère qui se trouvent être parallèles au circuit C. Pendant le mouvement du fer doux entre les pôles A et B (ce mouvement ayant lieu comme ci-dessus dans le sens indiqué par la flèche), l'aimantation déterminée par A va en diminuant, car le fer doux s'éloigne de A ; au contraire, l'aimantation que tend à déterminer B va en augmentant, et, comme elle est de sens contraire à celle de A, les deux effets conspirent ; le courant hypothétique du

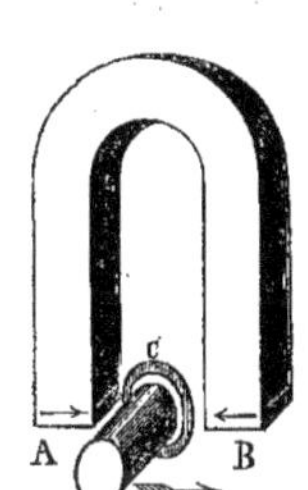



Fig. 7.

fer doux agit donc sur le circuit C à la façon d'un courant dont l'intensité varierait continuellement dans le même sens pendant que le fer doux va de A en B.

9. — Ces courants hypothétiques sont distribués tout le long du fer doux ; il y a donc intérêt à multiplier les circuits tels que C, ce que l'on fait en enroulant autour du fer doux un fil métallique recouvert d'une substance isolante afin d'empêcher toute communication latérale des diverses spires entre elles. Quoique l'action inductrice décroisse rapidement avec la distance, on trouve néanmoins intérêt à superposer un certain nombre de rangées de spires ; ou forme ainsi ce qu'on nomme habituellement la *bobine induite*. Comme on le

voit, sa constitution est la même que celle d'un *électro-aimant*, mais ses fonctions sont inverses : tandis que l'électro-aimant doit à un courant électrique sa puissance magnétique et l'exerce au dehors, la bobine induite tire du dehors la puissance magnétique et devient une source d'électricité ; dans l'électro-aimant le fil métallique est un *récepteur*, dans la bobine induite c'est un *générateur* d'électricité.

10. — Il n'est d'ailleurs pas nécessaire que le conducteur induit ait la forme d'un fil pour qu'il s'y développe des courants pendant son mouvement devant les pôles d'un aimant ; une masse métallique quelconque placée dans ces conditions est le siége de courants induits, seulement la direction de ces courants dépend de la forme de cette masse et de son mouvement relativement aux pôles de l'aimant. On conçoit, en effet, que les différentes parties ne sont pas soumises à des influences identiques ; l'étude de la direction de ces courants est une question très-compliquée même dans les cas les plus simples ; elle est d'ailleurs sans objet pour nous en ce moment ; mais ce qu'il importait de vous faire remarquer, c'est l'existence même de ces courants, car nous les retrouverons comme une cause de perturbations dans les machines magnéto-électriques, et il a fallu se mettre en garde contre leur production ; nous verrons plus tard quelle était la nature de ces perturbations.

11. — Vous reconnaissez maintenant, Messieurs, la cause des phénomènes auxquels Arago avait donné le nom de *magnétisme en mouvement* ; quand le disque de cuivre se meut devant l'aiguille aimantée, celle-ci y induit des courants qui à leur tour réagissent sur cette aiguille et la dérangent de sa position.

C'est à Faraday qu'on doit la démonstration expérimentale de l'existence de courants induits dans un disque en mouvement entre les pôles d'un aimant.

Il fit tourner très-rapidement (fig. 8) un disque de cuivre D D entre les pôles

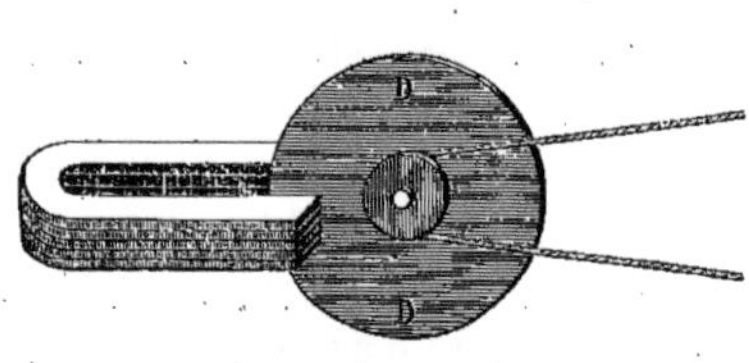

Fig. 8.

d'un aimant puissant, et, en mettant en communication des points différents du disque avec les extrémités du fil d'un galvanomètre, il constata l'existence d'un courant variable d'intensité et de sens avec la position des points explorés.

C'est là en quelque sorte la première machine magnéto-électrique, mais elle n'était pas disposée dans le but d'une production utile d'électricité.

12. — La première machine magnéto-électrique proprement dite fut con-
struite en France, dès 1832, par un constructeur d'instruments de physique,
au nom duquel s'attache une certaine célébrité, Pixii.

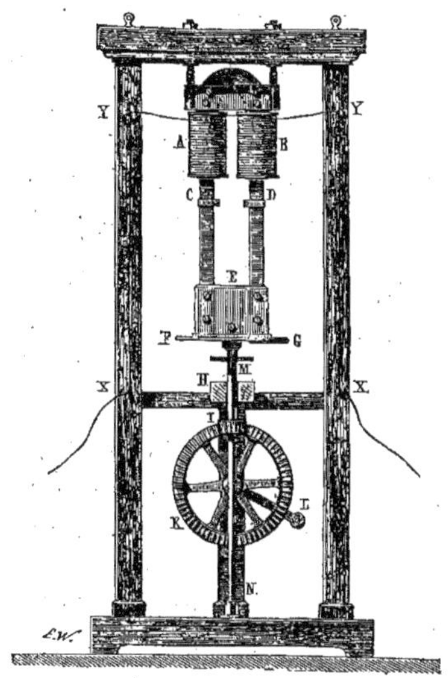

Fig. 9.

L'appareil de Pixii est représenté
figure 9.

A B est un fer doux en forme de
fer à cheval sur lequel s'enroule
un fil de cuivre isolé dont les extrémités aboutissent en X Y; cet électro-aimant est fixe. En face de lui
est situé un aimant permanent dont
les pôles se voient en C et D. Cet
aimant est entraîné par un axe vertical M N sur lequel est monté un
pignon I, auquel une roue K communique le mouvement qui lui est
imprimé par une manivelle L.

Comme on le voit, les pôles C et D
de l'aimant permanent s'approchent
et s'éloignent alternativement des
extrémités de l'électro-aimant; il
s'induit donc dans le fil de celui-ci
un courant d'induction qui change
de sens à chaque demi-tour. Dans l'appareil original de Pixii une sorte de
came placée en G avait pour fonction de manœuvrer un *commutateur*, qu'en
raison de sa complication nous n'avons pas représenté ici; il suffit de dire
que cette partie de l'appareil avait pour fonction de diriger toujours dans le
même sens le courant induit. Nous verrons ci-après d'autres exemples d'organes disposés plus simplement dans le même but.

13. — On reconnut bien vite qu'il n'était pas utile de rendre l'électro-aimant
aussi massif que le faisait Pixii, tandis qu'il fallait augmenter le plus possible la
puissance de l'aimant permanent. Il devenait alors plus commode de laisser
le premier fixe et de rendre le second mobile. C'est ce que fit, quelques années
plus tard, Saxton qui rendit aussi l'appareil moins encombrant en plaçant l'aimant horizontal, le laissant fixe et faisant mouvoir l'électro-aimant ou bobine
induite autour d'un axe situé dans le même plan que l'aimant.

Mais on pouvait aussi placer l'aimant permanent vertical, et faire mouvoir l'électro-aimant autour d'un axe horizontal X X' (fig. 10), de façon que les extrémités de celui-ci effectuassent leur révolution dans un plan parallèle aux branches de l'aimant permanent.

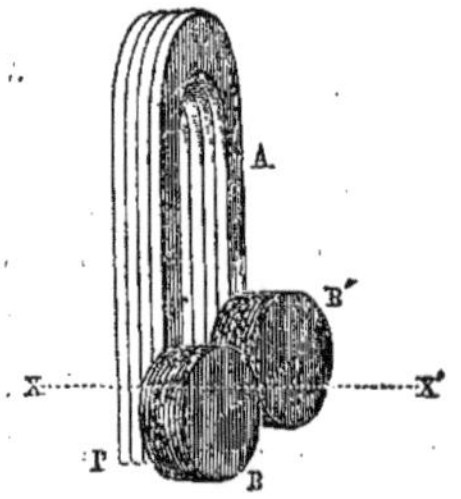

Fig. 10.

Telle est la disposition réalisée par Clarke et représentée dans la figure 11. L'aimant permanent est en E ; l'axe autour duquel se meut l'électro-aimant est représenté en $oo'$. Cet axe porte un pignon sur lequel passe une chaîne à la Vaucanson, entraînée par une grande roue G, que l'on met en mouvement au moyen d'une manivelle M.

L'électro-aimant n'est plus, comme dans l'appareil de Pixii, un même morceau de fer doux recourbé en fer à cheval : ce sont deux bobines distinctes B et B' (fig. 12), dont les noyaux de fer sont réunis, d'un côté par une traverse de même matière V, et de l'autre par une traverse d'une matière non magnétique. Cette disposition est physiquement équivalente à celle d'un électro-aimant formé d'une seule masse de fer recourbée en fer à cheval ; mais elle est plus commode à réaliser et moins encombrante.

Ces appareils donnent des courants qui sont alternativement de sens contraire ; pour un certain nombre d'applications, il faut de toute nécessité avoir un courant qui soit toujours du même sens,

Fig. 11.

aussi tous ces appareils comportaient-ils un organe spécial auquel on donne le nom de *commutateur* et quelquefois aussi de *redresseur* ; cependant l'appareil de Clarke était disposé de manière à fonctionner avec ou sans le redressement des courants, opération qui n'est pas nécessaire et est même nuisible pour les expériences d'incandescence des métaux, la production de l'étincelle entre deux charbons, etc.

Fig. 12.

Pour redresser les courants voici la disposition très-simple employée par Clarke : un manchon J, formé d'une matière isolante, est monté sur l'une des extrémités de l'axe. Deux lames métalliques $o$ et $o'$, laissant entre elles deux légers intervalles diamétralement opposés, sont appliquées sur ce manchon. Chacune de ces deux lames communique d'une manière permanente avec une des extrémités du fil des bobines ; deux ressorts $b$ et $c$ sont constamment appliqués sur ces lames. On voit que, par la rotation du système, chacune des deux lames $o$ et $o'$ vient successivement se mettre en contact avec chacun des deux ressorts. Cela posé, si en ce moment le sens du courant est tel que l'indique la flèche placée en $b$, et si au moment où ce sens change à l'intérieur des bobines, c'est la lame $o$ qui vient en contact avec le ressort $b$, on voit que le courant conservera la même direction dans ce ressort et, par conséquent, dans le circuit extérieur $mpn$.

14. — La première tentative de construction d'une machine magnéto-électrique destinée à la production industrielle de l'électricité paraît remonter vers l'année 1849. Dès cette époque, M. Nollet, professeur de physique à l'école militaire de Bruxelles, se proposa de construire la machine de Clarke sur une grande échelle, en y introduisant tous les perfectionnements que les progrès récents de la science et son expérience personnelle avaient pu lui suggérer. Malheureusement la mort vint arrêter ses travaux au moment où il allait lui être donné, non pas de voir réussir son œuvre, car le succès n'en devait pas être immédiat, mais de la voir soumise à la sanction de la pratique. Des spéculateurs aidés de riches et puissants personnages étaient arrivés à monter, comme l'on dit, une affaire dont les machines magnéto-électriques de M. Nollet faisaient la base ;

quant à l'échafaudage de promesses insensées que ces machines devaient réaliser, nous n'en parlerons que pour dire que l'inventeur y était étranger, et aussi que pour constater combien il devait être facile, à priori, d'en reconnaître l'inanité. Voyez : il n'était pas alors question de lumière électrique, il s'agissait simplement de décomposer l'eau au moyen des machines magnéto-électriques, et de faire servir à l'éclairage les gaz provenant de cette décomposition. L'utopie, pour ne pas dire autre chose, était évidente ; et, en effet, que fallait-il consommer pour faire marcher les machines magnéto-électriques? de la houille pour chauffer la machine à vapeur qui mettait celles-ci en mouvement; donc, aux deux extrémités du système, d'une part de la houille, d'autre part du gaz hydrogène provenant de la décomposition de l'eau ; au milieu, une complication considérable d'organes soumis à des pertes de toute espèce; il est bien évident qu'un tel procédé ne pouvait être aussi économique que celui qui consiste à calciner la houille pour en extraire le gaz de l'éclairage tel que nous l'employons.

Et cependant, en présence des résultats aujourd'hui acquis, on en vient presque à pardonner les promesses insensées, les espérances irréalisables, grâce auxquelles des hommes d'affaires réussirent à réunir des capitaux importants pour une œuvre fantastique; car, si un ingénieur eût dit : « Avec quelques centaines de mille francs habilement employés, au bout d'une dizaine d'années de recherches nous devons espérer de réussir à faire adopter dans quelques cas restreints l'emploi usuel de la lumière électrique, et nous tirerons alors de notre entreprise des bénéfices honnêtes, » ah! Messieurs, sans aucun doute le vide se serait fait autour de lui. Quoi qu'il en soit, une compagnie anglo-française s'était créée, des machines avaient été commandées en Angleterre, toujours en vue de la production d'un gaz destiné à l'éclairage, lorsque M. Nollet mourut. De son vivant, il avait eu pour compagnon de ses travaux un ouvrier intelligent, M. Joseph Van Malderen; ce fut lui qui monta les machines devenues, depuis cette époque, la propriété d'une société formée pour exploiter divers procédés d'éclairage public, l'*Alliance*. On ne fut pas longtemps à reconnaître tout ce qu'il y avait de chimérique dans l'espoir qu'on avait conservé d'utiliser les machines à la production du gaz destiné à l'éclairage; on dut donc leur chercher un autre emploi. Nous ne suivrons pas cette affaire dans toutes ses péripéties, nous nous contenterons de dire que le succès actuel est dû surtout à M. Van Malderen, dont la persévérance a su triompher de la plupart des obstacles; il a su profiter habilement des observations des divers physiciens qui, tant en France qu'en Angleterre, ont eu l'occasion de s'occuper des machines magnéto-électriques. Laissant de côté la voie scientifique, il a abordé le problème par le côté pratique ; faisant preuve d'un esprit finement observateur, il a su lever un grand nombre de difficultés de détail que la pratique seule révèle ; encore une fois, il peut, à juste titre, revendiquer, pour une grande part, l'honneur d'avoir fait passer la machine magnéto-électrique du domaine de la science dans celui de l'industrie.

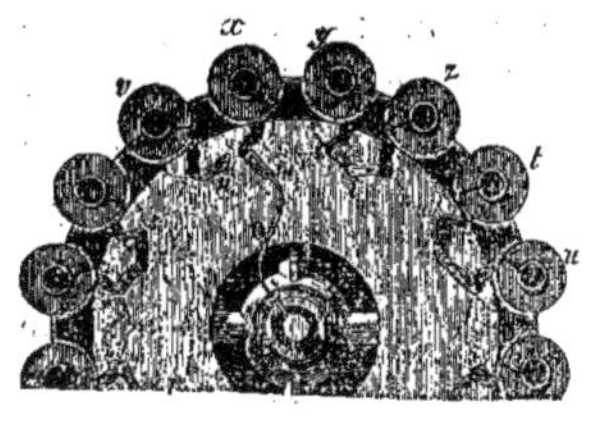
Fig. 13.

Fig. 14.

15. — Étudions maintenant la machine en elle-même.

Du premier coup d'œil nous reconnaissons dans le principe physique de sa construction celui de la machine de Clarke ; mais la disposition mécanique est telle, qu'elle permet de multiplier les bobines et les aimants de la façon la moins encombrante possible. Les pièces rudimentaires de la machine sont les bobines et les aimants. Les bobines (fig. 14) sont rangées régulièrement (fig. 13) au nombre de seize sur une roue en bronze portant des empreintes appropriées et y sont maintenues par des colliers destinés à les assujettir fortement ; cet ensemble, que nous désignerons, pour abréger, par le mot *disque*, tourne entre deux rangées d'aimants en fer à cheval, supportées parallèlement au plan du disque par un bâti spécial (fig. 15) qui ne présente que du bois au voisinage des aimants. Chaque rangée d'aimants en compte huit, présentant seize pôles régulièrement espacés ; il y a donc autant de pôles que

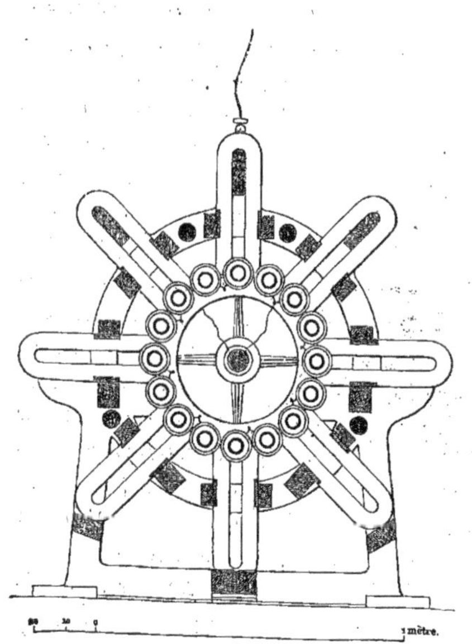
Fig. 15.

de bobines, et, quand l'une d'elles se trouve en face d'un pôle, les quinze autres doivent se trouver dans la même position.

On peut multiplier dans une même machine le nombre des disques en les montant sur un même arbre, ainsi que le nombre des rangées d'aimants en les montant sur le même bâti ; on ne dépasse pas généralement le nombre de six disques, car les machines deviennent trop longues ; il est alors trop difficile de les soustraire aux effets de la flexion de l'arbre et du bâti ; il ne faut en effet pas oublier que les bobines doivent se mouvoir aussi près que possible des pôles des aimants, mais sans les toucher.

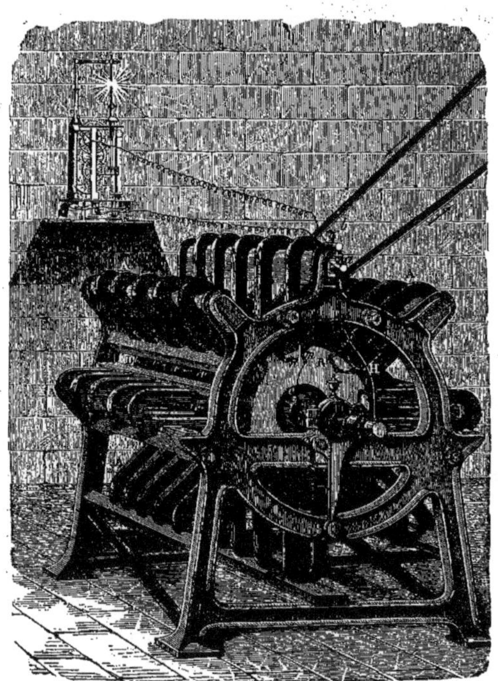

Fig. 16.

La figure 16 montre la vue d'ensemble d'une machine à quatre disques.

Les extrémités des fils des bobines viennent se fixer à des plateaux de bois assujettis sur la roue en bronze, et là on les assemble, soit en tension, soit en quantité, comme les éléments d'une pile hydro-électrique. L'un des pôles du courant total aboutit à l'arbre qui se trouve en communication avec le bâti par l'intermédiaire des coussinets ; l'autre pôle aboutit à un manchon concentrique à l'arbre, isolé de lui par du bois ou du caoutchouc durci ; ce manchon, entraîné par l'arbre, roule dans un coussinet qui lui-même est isolé électriquement du bâti ; le courant se recueille donc d'une part sur ce coussinet, de l'autre sur un point quelconque de la portion métallique du bâti.

Il est nécessaire maintenant d'entrer dans quelques détails sur les éléments eux-mêmes de ces machines, à savoir les aimants et surtout les bobines.

16.—*Aimants.*—Les aimants, avons-nous dit, sont recourbés en forme de fer à cheval ; ils pèsent environ 20 kilogrammes, ils sont formés de cinq à six lames d'acier trempé, redressées à la meule et assemblées par des vis ; l'épaisseur de chaque lame est d'environ 1 centimètre. Pour arriver plus économiquement à une grande uniformité d'épaisseur à l'endroit des pôles, on garnit souvent ceux-ci d'une armature en fer doux ; la présence de cette armature ne modifie pas sensiblement les propriétés des aimants.

Chaque lame est aimantée isolément par les moyens connus ; le faisceau doit porter environ le triple de son poids. Au reste, l'expérience a fait reconnaître qu'au bout d'un certain temps de fonctionnement de la machine les aimants gagnaient en aimantation, en ce sens qu'ils arrivent à porter des poids plus lourds qu'auparavant. Mais il est très-probable que cette augmentation de magnétisme n'est qu'apparente et qu'elle ne provient que d'une distribution différente, le magnétisme se déplaçant pour se porter vers les extrémités ; au reste, ce déplacement doit être considéré comme une véritable bonification qu'éprouve la machine, car l'intensité du courant induit dépend précisément de l'intensité magnétique des parties des aimants qui avoisinent les bobines.

Quand les machines ne fonctionnent pas, il convient, comme toujours, pour la conservation de la force des aimants, d'armer ceux-ci d'un contact de fer doux.

17.—*Bobines.*—La bobine est essentiellement un morceau de fer doux autour duquel est enroulé un fil de cuivre recouvert d'une matière isolante, par exemple de coton, pour empêcher les spires successives de se toucher. Mais les différentes parties de cet appareil, d'ailleurs si simple, doivent satisfaire à des conditions multiples que nous allons signaler.

Le morceau de fer doux n'est pas une masse pleine, c'est (fig. 17) un cylindre creux formé par une lame d'une tôle aussi douce que possible, dont on a soin que les deux bords laissent entre eux un petit intervalle ; l'épaisseur de cette tôle est de 4 à 5 millimètres environ ; quelquefois on la prend plus mince et on en met deux épaisseurs. La longueur du cylindre est de 10 centimètres, son diamètre de 4 centimètres.

Fig. 17.

Cette disposition a été indiquée par l'expérience comme étant la plus avantageuse ; les raisons de cet avantage sont multiples : le fer doit être aussi doux que possible, et il est plus facile de trouver cette condition remplie par les tôles de bonne qualité que par les fers en barre ; il importe d'avoir une aimantation et une désaimantation aussi rapides que possible, une masse creuse satisfait plus facilement à cette condition qu'une masse pleine. Enfin, une masse pleine de fer doux subit, de la part des aimants, non-seulement l'influence magnétique en tant que corps magnétique, mais encore l'influence inductrice en tant que corps conducteur. Des courants d'induction prennent naissance dans sa masse, courants qu'il importe d'annihiler autant que possible pour deux raisons : la première, c'est qu'ils diminuent d'autant ceux qui se propagent dans la masse du fil, les seuls utiles, les seuls que l'on recueille ; la seconde, c'est que, tout courant induit n'étant créé qu'au moyen d'une dépense de force motrice, ces courants intestins si nuisibles coûtent encore une certaine force dépensée en pure perte, ils diminuent à la fois et la puissance et le rendement de la machine. Pour les éviter autant que possible, ces courants parasitaires, non-seulement on emploie, au lieu d'une masse pleine, un anneau cylindrique, mais encore, comme nous venons de le dire, on rend celui-ci discontinu en ayant soin de faire en sorte que les bords de la tôle ne se rejoignent pas.

Cette même influence d'une induction dans la masse, il faut encore l'éviter dans les rondelles de laiton qui servent à maintenir le fil qui s'enroule autour du fer doux. Voilà pourquoi vous voyez ces rondelles fendues suivant un de leurs rayons ; il vaudrait encore mieux, si cela était possible, les faire d'une substance non conductrice.

18.—Étudions maintenant le fil conducteur qui entoure le fer doux. Il y a lieu de le considérer sous deux points de vue : 1° comme siége de l'action inductrice ; 2° comme corps conducteur offrant au courant une certaine résistance, provenant de ce qu'aucun corps n'est un conducteur parfait. Cette résistance dépend d'un coefficient spécifique caractéristique de la nature du conducteur; elle est inversement proportionnelle à la section de celui-ci et directement proportionnelle à sa longueur ; à ce point de vue, le courant produit devra être d'autant plus intense, que le fil conducteur sera moins résistant.

La nature du fil est déterminée par avance, car, de tous les métaux usuels et d'un prix accessible, le cuivre est le meilleur conducteur ; mais il est bon de chercher la sorte commerciale qui offre la plus grande conductibilité, et il y a, à cet égard, des différences très-notables entre les échantillons de diverses provenances.

Reste à examiner la question du diamètre et de la longueur, et ce n'est pas la moins compliquée. Si le courant est d'autant moins intense que le fil est plus long, d'un autre côté, l'effet de la cause inductrice étant le même sur chacun des éléments de longueur du fil et ces effets élémentaires s'ajoutant, l'effet total devra croître proportionnellement à la longueur du fil soumis à l'influence inductrice ; à ces deux points de vue, la longueur agira donc différemment sur l'intensité du courant, et celle-ci sera sensiblement indépendante de cette longueur. Mais il est facile de voir qu'elle ne le sera pas du volume occupé par le fil autour du fer doux ; elle croîtra avec ce volume, beaucoup moins rapidement que lui cependant, car on conçoit que les spires les plus éloignées du noyau de fer doux doivent être soumises à une influence beaucoup moins forte que celles qui l'avoisinent.

D'un autre côté, la résistance du fil n'est pas la seule que le courant ait à vaincre ; il y a la résistance extérieure déterminée par le genre d'utilisation que l'on fait de l'électricité produite ; pour cette raison, l'intensité du courant augmente moins rapidement que l'inverse de la longueur du fil de la bobine ; on conçoit donc que l'intensité du courant doive être une fonction du volume occupé par le fil, de sa longueur, de son diamètre et de la résistance extérieure à vaincre ; si on se donne le volume, ainsi que le rapport de la résistance intérieure à la résistance extérieure, rapport qu'il convient de prendre égal à l'unité, on comprend que tout sera déterminé, car, le coefficient de résistance du fil étant déterminé par sa nature, sa résistance totale l'est aussi ; il est alors facile d'en déduire sa longueur et sa section d'après cette condition que la section multipliée par la longueur donne précisément le volume occupé par le fil. Ce volume est, d'ailleurs, égal au volume extérieur de la bobine diminué du volume occupé par la substance isolante qui recouvre le fil, et on voit dès lors quel intérêt il peut y avoir à employer des fils régulièrement recouverts d'une matière aussi mince que possible. Jusques à présent on a été obligé, je crois, de demander à l'industrie anglaise le fil de cuivre recouvert de coton qui remplit les bobines ; la couverture en soie élèverait trop le prix du fil.

19. — Une circonstance que nous allons expliquer rend plus nécessaires encore qu'il ne le semble au premier abord la régularité et la minceur de la couverture du fil. Quand on cherche à se rendre compte expérimentalement des conditions qui déterminent le diamètre du fil à employer, on trouve qu'il y a avantage à employer du fil d'un assez gros diamètre ; mais on trouve aussi que, au lieu d'un fil d'un diamètre et d'une longueur donnés, il y a avantage à

employer un faisceau de fils de même longueur isolés les uns des autres, sauf à leurs extrémités, et dont les sections valent en somme celle du fil unique. C'est ainsi que M. Nollet avait été amené à employer quatre fils parallèles au lieu d'un seul, et qu'aujourd'hui les machines que construit la Société *l'Alliance* ont huit fils parallèles ; chaque fil a un peu plus d'un millimètre de diamètre. On trouve que, dans cette bobine, le fil de cuivre lui-même n'occupe guère que les $\frac{5}{8}$ du volume qui lui est affecté ; or on peut dire que, si, d'une manière quelconque, on trouvait le moyen d'augmenter ce rapport, on augmenterait d'autant la puissance des machines sous le même volume.

Maintenant, me direz-vous, quelle est la nécessité de cette division du fil en un certain nombre de brins parallèles entre eux et isolés les uns des autres dans le corps de la bobine? c'est encore pour amoindrir autant que possible les courants d'induction autres que ceux qui se propagent suivant la longueur du fil, car ceux-ci sont les seuls que nous puissions recueillir.

20. — Pour achever ce qui concerne les bobines, il nous reste à entrer dans quelques détails sur l'isolement des fils. Nous avons dit que ceux-ci étaient recouverts d'une enveloppe de coton ; cette opération exige des métiers spéciaux, et on ne saurait y apporter trop de soin. Mais l'isolement ainsi obtenu est loin d'être parfait, surtout pour les courants de forte tension auxquels donne lieu l'induction ; cette masse, dans laquelle le coton entre pour une forte part, est un véritable corps poreux qui absorbe les vapeurs contenues dans l'air, et la couche hygrométrique qui en résulte rend l'isolement de plus en plus imparfait. Dans les premières machines, on cherchait bien à se mettre à l'abri de ce grave inconvénient en enduisant les fils d'une dissolution de gomme laque dans l'alcool ; mais, à moins de précautions particulières, cet enduit n'est pas encore suffisant, car l'alcool est toujours plus ou moins hydraté et la gomme laque, en se séchant, se fendille ; il arrivait que les machines donnaient, en commençant, d'excellents résultats, puis leur puissance diminuait successivement. Aujourd'hui on obtient des résultats parfaitement constants en enduisant les fils, comme l'a conseillé M. Ruhmkorff, avec le bitume de Judée dissous dans l'essence de térébenthine. Il y aurait même, je pense, avantage à employer comme dissolvant la benzine que l'industrie peut fournir aujourd'hui à très-bon compte.

Il est d'ailleurs utile de vérifier l'isolement de chaque bobine en particulier; et l'existence de plusieurs fils parallèles se prête à cela d'une manière très-commode. Il suffit de faire communiquer un fil avec l'un des pôles d'une pile, un autre fil avec l'autre pôle. Si l'isolement est parfait, un galvanomètre sensible, placé en quelque point du circuit, ne doit pas parler.

21.— Cherchons maintenant à nous rendre compte du sens des courants engendrés par le mouvement des bobines : remarquons d'abord que, puisque toutes les bobines se trouvent à la fois dans la même position vis-à-vis de pôles d'aimants identiques et qu'elles marchent dans le même sens, les influences qui les affecteront à chaque instant auront pour toutes la même intensité, le sens seulement changera de l'une à l'autre; pour ramener les effets au même sens, il suffit d'inverser les communications de deux bobines consécutives. Cette inversion étant faite, on peut supposer que tout est identique pour chaque bobine; il suffit alors d'en considérer une seule.

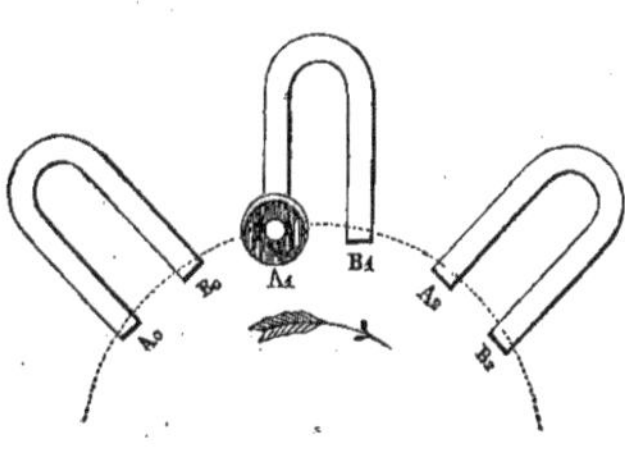

Fig. 18.

Prenons donc une bobine au moment où elle se trouve précisément en face d'un pôle $A_1$; supposons que cette bobine parcoure le cercle ponctué dans le sens indiqué par la flèche. Tant que la bobine ne s'éloigne pas beaucoup de $A_1$, l'action de ce pôle est prédominante et de beaucoup; en effet, d'une part, ce pôle est plus proche de la bobine que ses deux voisins $B_0$ et $B_1$; mais l'effet de ceux-ci se détruit en partie, car ils sont de même nature, et la bobine s'éloigne de l'un $B_0$, tandis qu'elle se rapproche de l'autre $B_1$; ces deux pôles tendent donc à induire des courants de sens contraires. D'ailleurs, $B_1$ étant le plus près, c'est celui dont l'action va sans cesse en l'emportant de plus en plus, et cette action est, d'ailleurs, de même sens que celle de $A_1$, car $A_1$ et $B_1$ sont de noms contraires, et la bobine s'éloigne de $A_1$, tandis qu'elle se rapproche de $B_1$.

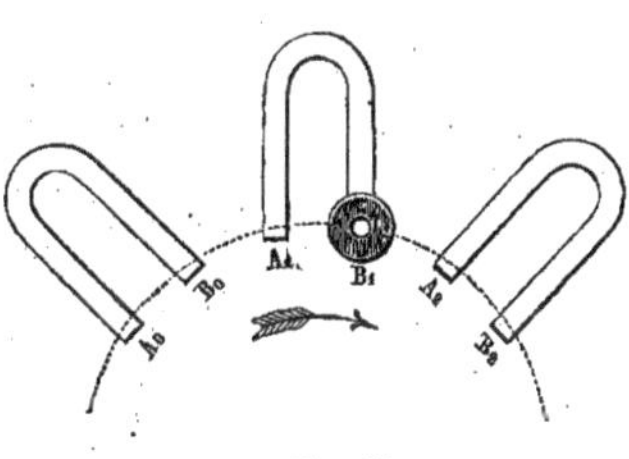

Fig. 19.

Le raisonnement que nous venons de faire s'applique à tout le parcours de la bobine entre $A_1$ et $B_1$; dans tout ce parcours, le courant induit conserve une même direction, mais avec une intensité variable. Il est d'ailleurs facile de voir que cette intensité est maximum lorsque la bobine est soit en $A_1$, soit en $B_1$, et que, à moitié de l'intervalle,

il passe par un minimum ; de telle sorte que, si sur une droite nous marquon
des points équidistants $A_0$, $B_0$, $A_1$, $B_1$, etc., représentant les instants où la
bobine se trouve en face des pôles qui portent ces mêmes lettres, et que,

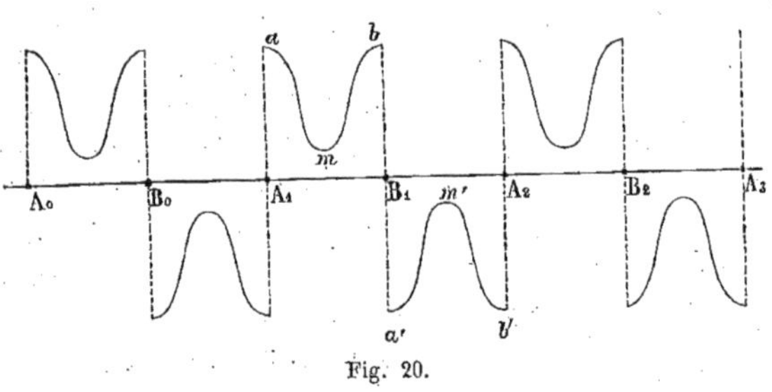

Fig. 20.

élevant des or-
données, nous
les prenions éga-
les à l'intensité
du courant in-
duit à chaque
instant dans la
bobine, les ex-
trémités des or-
données se trou-
veront sur une
courbe, que, pour abréger, nous appellerons *la courbe de l'intensité ;* cette
courbe présenterait à peu près l'aspect *a m b*.

Une fois la bobine arrivée en $B_1$ et continuant son chemin dans le même
sens, les choses vont se passer de $B_1$ en $A_2$ comme elles s'étaient passées de
$A_1$ en $B_1$, mais avec cette différence que le courant induit sera de sens contraire au premier, car c'est le même mouvement relatif par rapport à un pôle $B_1$
de nom contraire au précédent $A_1$. De $B_1$ en $A_2$ le courant étant donc de sens
inverse, nous porterons nos ordonnées représentatives en sens inverse des pré-
cédentes, et nous aurons la courbe d'intensité $a'm'b'$ ; les choses se continueraient
ainsi indéfiniment, le courant changeant de sens chaque fois que la bobine passe
devant un pôle d'aimant.

Ce changement de sens est une chose fâcheuse pour toutes les applications de l'électricité qui demandent une direction constante du courant, en
particulier pour les applications chimiques ; mais elle sera indifférente pour les
actions calorifiques, qui sont indépendantes du sens des courants. Quant aux
actions magnétiques, dans les différentes applications qu'on en fait, le sens du
courant est par lui-même indifférent ; mais ce qui est nuisible, c'est la suc-
cession si rapprochée des changements de sens. Nous voyons, en effet,
que le changement de sens a lieu chaque fois que les bobines se
trouvent en face des pôles des aimants ; or il y a 16 pôles d'aimants ; il y aura
donc 16 changements par tour des disques, et, comme ceux-ci font environ
6 tours par seconde, même un peu plus, on aura $6 \times 16 = 96$ ou, en nombre
rond, 100 changements de sens par seconde.

**22.** — Quand on veut s'affranchir des effets de ces inversions du courant, on est obligé de se servir d'un *commutateur* ou *redresseur des courants*.

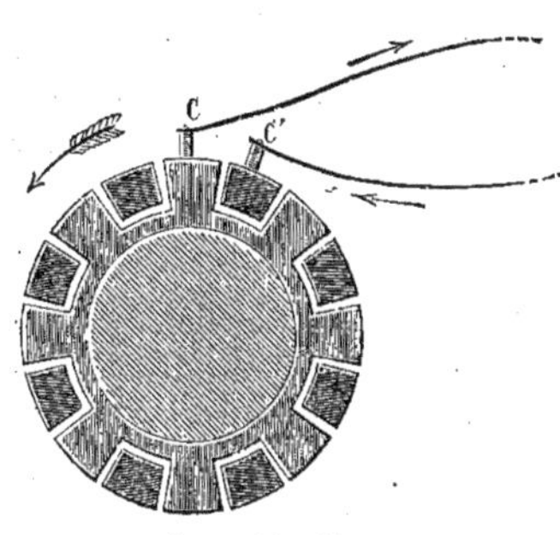

Fig. 21.

Imaginons (fig. 21), montées sur le même arbre que les disques, deux roues métalliques portant chacune huit dents égales ; les vides étant un peu plus grands que les pleins, de telle façon que les pleins de l'une peuvent s'engager dans les vides de l'autre, sans cependant que les deux pièces métalliques viennent nulle part en contact. Chacune des deux roues est en communication permanente avec l'une des extrémités du fil d'une bobine ; deux pièces métalliques (ou marteaux) C et C′, placées au bout de tiges formant ressorts, appuient l'une sur une dent d'une des roues, l'autre sur une dent de la seconde ; la distance de ces deux marteaux est d'ailleurs égale à la largeur d'une dent. Ces roues sont tellement calées sur l'arbre que, lorsque la bobine se trouve directement en présence d'un pôle d'aimant, les marteaux commencent à entrer chacun sur une dent ; par conséquent, ils quittent aussi chacun leur dent pour entrer sur une autre au même moment, et cela précisément lorsque la bobine se trouve en face du pôle suivant ; mais par ce fait même ils changent de roue, c'est-à-dire que ces marteaux se trouvent, par ce mécanisme, être mis en communication tantôt avec l'une des extrémités du fil de la bobine, tantôt avec l'autre ; et, comme ce changement a lieu au moment même où le courant change de sens dans la bobine, il en résulte que, dans la portion du circuit dont les marteaux forment les extrémités, le courant conserve toujours le même sens.

Tel est, en principe, le commutateur ou redresseur des courants d'induction ; pour la simplicité de l'explication, nous n'avons supposé qu'une seule bobine, mais, en réalité, un commutateur correspond à un certain groupe de bobines, dont le nombre est déterminé par l'intensité du courant dont on veut pouvoir disposer d'une manière particulière.

**23.** — Rien de plus simple en théorie que cet appareil, mais rien de plus désespérant dans la pratique. Nous avons supposé implicitement que le contact avait toujours lieu entre les marteaux et la roue métallique sur laquelle il porte, que le marteau ne quittait une dent que pour entrer immédiatement sur une

autre; mais cette continuité de contact ne peut exister : la rapidité du mouvement, les aspérités que l'usure fait naître déterminent des vibrations qui font
soulever les marteaux, et dès le moment où la plus légère solution de continuité
se manifeste entre un marteau et la roue, le courant continue à passer entre les
deux pièces sous la forme d'une étincelle qui échauffe les deux surfaces et les
corrode; cet effet a surtout lieu aux interruptions qui se trouvent entre les
dents consécutives, et, comme il se reproduit six à sept fois par seconde au même
endroit, le mal va sans cesse en s'aggravant; les surfaces se trouvent complétement
détériorées au bout de quelques heures, surtout lorsqu'il s'agit de redresser des
courants aussi intenses que ceux qui doivent donner naissance à la lumière électrique. Par une construction extrêmement soignée, au moyen de certains artifi-
fices, on peut arriver à faire durer plus longtemps cette partie du mécanisme;
mais enfin elle doit toujours être l'objet d'un constant entretien, qui peut devenir assez coûteux. D'ailleurs on perd toujours par là une certaine fraction
du courant : il est, en effet, de toute nécessité pour atténuer les ressauts au
passage d'une dent à la suivante, de faire le marteau notablement plus large
que l'intervalle laissé entre deux dents consécutives, et cet intervalle lui-même
on doit lui donner une certaine largeur, sans quoi il est trop rapidement com-
blé par le cambouis mêlé de parcelles métalliques que le frottement des pièces
détache; il en résulte que, pendant tout le temps que le marteau se trouve
à cheval sur deux dents consécutives, le courant passe de l'une à l'autre par
la masse de ce marteau, c'est autant de perdu pour le circuit où on cherche
à l'utiliser; or nous avons vu que le moment du passage du marteau d'une
dent à l'autre est précisément celui de l'intensité maximum des courants.

24. — Dans les machines que vous avez sous les yeux, les courants ne sont pas
redressés; c'est une simplification qui a une portée considérable dans l'emploi
des machines magnéto-électriques à l'éclairage électrique; je vais essayer de vous
faire comprendre où était la difficulté et par quel heureux concours de circonstances elle a pu être levée.

Puisque le sens du courant change, et cela une centaine de fois par seconde,
il faut nécessairement qu'à chaque changement l'intensité du courant passe par
zéro; ainsi, cent fois par seconde, l'étincelle cesse de jaillir entre ces deux
charbons, cent fois par seconde l'arc voltaïque cesse d'exister. La lumière ne
nous en paraît pas moins continue; cela est dû, vous le savez, à la persistance
bien connue des impressions de la lumière sur la rétine, et aussi à ce que l'arc
voltaïque proprement dit n'entre que pour une fraction dans la production de
la lumière électrique, le restant étant dû à l'incandescence des charbons, incan-

·descence qui ne cesse pas immédiatement avec le passage du courant. Mais, quand on sait que les courants employés ne jouissent pas d'une tension suffisante pour que dans les circonstances ordinaires l'étincelle jaillisse à distance, quand nous voyons qu'il suffit d'un souffle pour interrompre l'arc voltaïque et qu'alors celui-ci reste éteint (à moins que, par l'action de la main ou d'un mécanisme convenable, on ne vienne à ramener les charbons au contact pour les écarter de nouveau), on s'étonne tout d'abord que les cessations du courant, qui se reproduisent ainsi un si grand nombre de fois par seconde, n'amènent pas l'extinction de la lumière. Pourtant ce n'est pas là que gisait la difficulté. Depuis Clarke, qui, avec les courants non redressés de sa petite machine, faisait éclater l'arc voltaïque entre deux morceaux de charbon calciné, il était bien évident que les interruptions correspondantes au changement de sens des courants n'éteignaient pas la lumière. Comment doit-on expliquer ce fait? rien de plus simple; la tension du courant n'est pas suffisante pour que l'étincelle jaillisse à distance entre les charbons froids; mais, quand ceux-ci sont, au préalable, portés à l'incandescence par le passage même du courant, l'atmosphère qui les entoure est devenue plus conductrice par l'élévation de la température, et sans doute aussi par la présence de particules charbonneuses; la durée de l'interruption étant très-courte, les qualités de l'atmosphère qui entoure les charbons n'ont pas le temps d'être modifiées sensiblement, et le courant peut recommencer à passer.

Pour se rendre compte de cette durée de chaque interruption, remarquons qu'elle dépend géométriquement de la position du centre de la bobine devant le pôle d'aimant; en admettant, par exemple, que l'évolution du changement de courant soit accomplie pendant que le centre de la bobine parcourt un arc de 1 millimètre, il faudrait lui assigner une durée de $\frac{1}{10000}$ de seconde, car la circonférence que décrivent les centres des bobines a $0^m,50$ de diamètre, et, à la vitesse d'un peu plus de 6 tours par seconde, cela donne 10 mètres pour le chemin parcouru pendant une seconde.

25. — Une circonstance qu'il est bon de noter et qui favorise encore le rétablissement du courant après son interruption, c'est que cette interruption a lieu précisément entre deux maxima de l'intensité; grâce à cette circonstance, le courant qui cesse laisse dans l'état le plus convenable le champ que doit traverser l'électricité, et celui qui reprend a d'autant plus de facilité à vaincre la résistance du passage qu'il est plus fort.

Toutes ces considérations font voir de quelle importance est un espacement bien régulier des bobines et des pôles d'aimants. Pour la production de la lumière électrique, les bobines sont ordinairement assemblées par 16 en tension et par 4 ou 6 en quantité suivant que les machines sont à 4 ou 6 disques. Si au même instant toutes les bobines ne se trouvaient pas exactement dans la même position relativement aux pôles des aimants, les courants seraient inversés dans les unes avant de l'être dans les autres, il en résulterait donc un affaiblissement plus ou moins prononcé du courant; ce serait comme une sorte d'allongement de la période d'intensité nulle. Il faut remarquer que la perte réelle d'intensité qui en résulterait serait d'autant plus importante que c'est là qu'a lieu l'intensité la plus grande du courant. Nous avons vu que si la période nulle, ou à peu près, correspondait à 1 millimètre de parcours du centre des bobines, cela lui assignait une durée d'environ $\frac{1}{10000}$ de seconde; et, comme cette période nulle se répète 100 fois par seconde, la perte de temps serait $\frac{1}{100}$ de seconde; mais, à l'endroit du parcours considéré, l'intensité étant beaucoup plus forte que l'intensité moyenne, la perte de courant sera $\frac{1}{100} \times \frac{i_1}{i}$, $i_1$ étant l'intensité aux environs du maximum, et $i$ l'intensité moyenne. Si on suppose $\frac{i_1}{i} = 10$, on voit que la perte du courant serait $\frac{1}{10}$; pour 2 millimètres d'irrégularité, la perte serait à peu près double, soit $\frac{1}{5}$, ce qui est considérable. La valeur du rapport $\frac{i_1}{i}$ n'est d'ailleurs pas connue, mais elle est certainement considérable. Ce que nous venons de dire peut donner une idée d'une marche à suivre pour arriver à connaître les valeurs successives de l'intensité aux différents points du parcours. Pour l'instant nous nous sommes seulement proposé de faire ressortir la nécessité impérieuse d'une assez grande précision dans le montage de ces machines.

26. — Toute la difficulté de l'emploi des courants non redressés résidait dans la disposition des appareils récepteurs du courant électrique, lesquels ont pour mission de le conduire aux charbons, et on peut dire que c'est par un pur hasard que cette difficulté s'est trouvée levée; pour le faire comprendre il est nécessaire que nous donnions quelques détails sur le principe des régulateurs de lumière électrique et sur l'aimantation par les courants discontinus et inverses.

Depuis la création du premier régulateur de lumière électrique, il a été construit un grand nombre de ces appareils, présentant des dispositions diverses plus ou moins avantageuses, satisfaisant à un plus ou moins grand nombre de conditions utiles, mais tous possédant un organe commun, qui est l'âme de ces appareils : c'est l'électro-aimant régulateur employé pour la première fois

par M. Foucault. Quel but se propose-t-on par les mécanismes régulateurs?
Faire avancer les charbons, l'un vers l'autre, au fur et à mesure de leur
usure, de manière à les maintenir à une distance convenable. C'est le
courant lui-même qui est chargé de veiller à l'accomplissement de cette manœuvre.

Voici comment cet effet se produit : le même courant qui doit jaillir entre les
deux pointes du charbon traverse le fil
d'un électro-aimant E (fig. 22), au-
dessus duquel se trouve un contact C,
en fer doux ; l'électro-aimant attire
ce contact qui est mobile à l'extrémité d'un levier dont le point fixe
est en O ; mais un ressort R, agissant en sens inverse de l'électro-
aimant, équilibre l'attraction de celui-ci ; au moins à peu près, dans
les limites d'une course, la plus

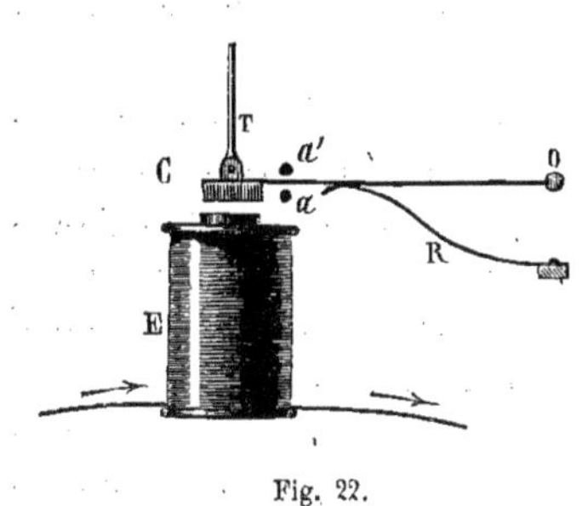

Fig. 22.

courte possible, réglée par deux arrêts $a$ et $a'$. Quand l'attraction de l'électro-
aimant est insuffisante, le contact se soulève et vient butter contre l'arrêt
supérieur $a'$ ; pour une attraction quelque peu plus forte, le ressort est vaincu,
le contact vient butter sur l'arrêt inférieur $a$. D'un autre côté se trouve un mécanisme qui tend sans cesse à rapprocher les charbons l'un de l'autre, mais ce
mécanisme est enrayé toutes les fois que le contact de l'électro-aimant vient
butter sur l'arrêt inférieur, c'est-à-dire toutes les fois que l'attraction de cet
électro-aimant l'emporte sur la tension du ressort. Cette intervention du
contact dans les fonctions du mécanisme se trouve réalisée dans les appareils
existants de bien des manières différentes; pour la concevoir on peut, par
exemple, imaginer qu'une tige T soit attachée au contact et vienne manœuvrer un arrêt devant une roue d'échappement.

Comment se fait-il maintenant que ce soit la longueur de l'arc qui détermine
le mouvement de ce contact? Le voici : le mécanisme étant supposé enrayé,
les charbons restent fixes, mais l'usure qui résulte du passage du courant les
raccourcit bientôt, la distance qu'ils laissent libre augmente, et comme en même
temps augmente aussi la résistance qu'éprouve le courant à franchir cette distance, il en résulte que l'intensité du courant diminue, et avec elle diminue
aussi la force attractive de l'électro-aimant; celle-ci est alors vaincue par la
tension du ressort, le contact s'élève, le mécanisme débrayé se met en

mouvement, enfin les charbons se rapprochent. Leur distance diminuant, des effets inverses des précédents se produisent, l'électro-aimant rappelle à lui le contact, et le mécanisme s'arrête à nouveau, jusqu'au moment où l'usure des charbons vient déterminer une évolution analogue à celle que nous venons de décrire. Nous n'entrerons pas dans de plus amples détails sur ce sujet ; notre intention n'étant pas de décrire, même succinctement, les appareils régulateurs de la lumière électrique, mais seulement de montrer quel rôle y joue l'électro-magnétisme.

27. — Voyons donc ce qui va arriver quand, au lieu d'un courant continu, ce sera une suite de courants discontinus et inverses qui traverseront l'électroaimant. Ici deux ordres de phénomènes sont à considérer, magnétiques et mécaniques. Commençons par les premiers.

A chaque changement de sens du courant, l'électro-aimant devrait se désaimanter, puis s'aimanter en sens contraire, dans un intervalle de temps inférieur à $\frac{1}{10000}$ de seconde ; or ces deux phénomènes demandent, pour s'effectuer complétement, un temps appréciable supérieur à celui qui leur est accordé ; la puissance magnétique de l'électro-aimant sera donc moindre que s'il eût été traversé par des courants tous de même sens. Mais il ne faut pas considérer seulement l'électro-aimant ; il y a aussi le contact de fer doux ; ce contact n'est attiré que parce que l'électro-aimant y induit par influence un magnétisme contraire au sien ; à cause de la distance, ce magnétisme est beaucoup plus faible que celui de l'électroaimant, et, comme on peut supposer qu'une même quantité de magnétisme est d'autant plus lente à se mouvoir qu'elle fait partie d'une quantité plus faible de cet agent, l'aimantation de l'armature subira un coefficient de perte, sans doute plus considérable encore que celui qui affecte l'électro-aimant ; et alors, l'attraction qui doit faire équilibre au ressort devant être considérée, toutes choses égales d'ailleurs, comme proportionnelle au produit des aimantations de l'électro-aimant et de son contact, cette attraction devra considérablement diminuer. En somme, lorsqu'on fait passer, dans un appareil du genre de celui qui nous occupe, soit les courants discontinus et inverses de la machine magnéto-électrique, soit un courant continu capable de fournir la même quantité de lumière ou d'effets calorifiques, l'aimantation telle qu'on l'apprécie par l'attraction est énormément moindre dans le premier cas que dans le second.

Examinons maintenant les effets mécaniques causés par la discontinuité des courants. Supposons que nous partions, ce qui est plus commode pour les raisonnements, de la position du contact dans laquelle celui-ci est aussi proche que possible de l'électro-aimant; arrive une interruption du courant : pendant une durée au moins égale à celle de cette interruption, l'attraction de l'électro-aimant étant nulle, le ressort agit et fait relever le contact d'une certaine quantité $e$, qui sera d'autant plus considérable, toutes choses égales d'ailleurs, que la masse du contact et de ses accessoires sera moindre. Puis, le courant reprenant, l'électro-aimant va attirer à lui le contact avec une force égale à l'excès de son attraction sur la tension du ressort; si le chemin qu'il lui fait parcourir alors était inférieur au chemin $e$, d'une quantité si petite qu'elle fût, la même perte se reproduisant à chaque interruption, le contact rétrograderait sans cesse, et, comme l'attraction diminue rapidement avec la distance, il faudrait un excès considérable de force électrique sur la force moyenne pour le ramener à sa position de départ. Mais comme cette augmentation ne peut s'obtenir que par le rapprochement des charbons, il pourra arriver que ceux-ci se trouvent amenés à se toucher et alors l'arc cesse d'exister, à moins que l'appareil ne soit muni d'un mouvement de recul qui puisse le faire se rallumer.

Ces inconvénients seront d'autant moins à craindre que le ressort sera plus faible par rapport à la force moyenne de l'électro-aimant; il y a donc là une nécessité qui oblige à affaiblir encore le ressort antagoniste. Mais on conçoit que, à moins que l'appareil n'ait été disposé d'une manière toute spéciale, cet affaiblissement puisse atteindre une certaine limite qu'on ne saurait dépasser sans inconvénient, car la force motrice de l'organe que nous étudions est la différence en plus ou en moins qui existe entre la force du ressort et l'attraction de l'électro-aimant, et, pour que tout marche régulièrement, il faut que cette force motrice soit très-notablement supérieure aux résistances passives.

Enfin, en achevant de discuter quelles sont les conditions les plus favorables, on verrait qu'il faut que la masse du contact ne soit pas trop légère, et aussi que l'excursion qu'il peut fournir fasse varier, aussi peu que possible, la valeur de l'attraction opérée par l'électro-aimant. On sait, en effet, que cette attraction diminue très-rapidement à mesure que la distance augmente.

28. — Dans les premiers temps des essais de l'application des machines magnéto-électriques à la production de la lumière, les régulateurs à peu près exclusivement en usage étaient ceux bien connus de M. Duboscq, disposés pour l'utilisation des courants continus que fournissent les piles; mais les conditions de ces appareils étaient telles, à savoir contact très-léger, attraction à une faible distance, course relativement considérable, ressort antagoniste ne pouvant être suffisamment diminué de puissance, qu'ils ne pouvaient fonctionner avec les courants magnéto-électriques discontinus; un peu plus tard,

lorsque le régulateur de M. Serrin commença à se répandre, M. Joseph van Malderen eut l'idée de lui demander ce qu'il n'avait pu obtenir de la lampe photo-électrique de M. Duboscq, et il se trouva que les conditions de la construction de l'appareil de M. Serrin étaient telles, qu'il put fonctionner du premier coup avec les courants non redressés ; la possibilité du problème était donc démontrée expérimentalement, et, depuis cette époque (1859), tous les régulateurs de lumière électrique ont été amenés par leurs constructeurs, moyennant quelques légères modifications, à remplir leurs fonctions avec les courants non redressés.

Ainsi, c'est un heureux hasard qui a voulu que le régulateur de M. Serrin, construit comme tous les autres pour l'emploi des courants de la pile, pût marcher avec les courants non redressés des machines ; mais ce qui ne tient pas du hasard, c'est l'intelligente persévérance de M. Joseph, qui a su comprendre que la difficulté venait des régulateurs, et que ce que l'un refusait de faire, l'autre pourrait peut-être l'accomplir. J'espère, Messieurs, que vous voudrez bien me pardonner la longueur de cette digression en faveur de l'intérêt de la question, qui est assez neuve pour qu'on ne s'en soit pas généralement rendu un compte bien exact, et pour qu'en Angleterre, où fonctionnent plusieurs machines magnéto-électriques du même système que celles-ci, on ait continué, au grand détriment du résultat, de l'économie, de la sûreté des effets, à redresser les courants pour la production de la lumière électrique.

29. — Nous allons maintenant, pour terminer cette première séance, examiner ce que consomment les machines magnéto-électriques, et chercher à vous montrer que l'électricité n'est ici, en quelque sorte, qu'un intermédiaire servant à transporter au loin d'une manière commode et à concentrer sur un point une certaine quantité de chaleur qui est ici empruntée à la combustion de la houille qui s'effectue sous un générateur de vapeur.

Commençons par une expérience qui va nous faire entrer d'un seul coup au cœur du sujet. En ce moment, la machine magnéto-électrique tourne de sa vitesse normale ; elle est mue par une machine à vapeur installée dans la cour ; le chauffeur n'a pas connaissance de nos manœuvres, il ne doit avoir d'autre soin que de conserver à sa machine une certaine allure déterminée.

La machine magnéto-électrique tourne, mais son circuit n'est pas fermé ; les courants d'induction tendent à se produire, ils ne se produisent cependant pas, car je tiens à la main les fils rhéophores en ayant soin qu'ils ne communiquent pas entre eux. Mais, voyez : j'établis le contact, le courant passe ; pour vous le prouver, on a mis une lampe électrique dans le trajet, elle brille d'un vif éclat. Aussitôt voici le mouvement qui se ralentit : c'est que la machine magnéto-électrique absorbe une force mécanique considérable ; le régulateur de la machine à vapeur est un simple régulateur de Watt, il ne peut modifier assez l'introduction de la vapeur ; le chauffeur doit être, en ce moment, obligé d'ouvrir en grand le robinet d'admission. En effet, voici maintenant la vitesse qui augmente peu à peu, le régime normal est atteint à nouveau, et nous allons marcher d'une manière sensiblement uniforme.

Opérons en sens inverse. J'interromps les communications, la lampe électrique s'éteint, mais voici le mouvement qui s'accélère, sa vitesse devient même inquiétante, la machine s'emporte ; si le chauffeur tardait de quelques instants à fermer la valve d'introduction de la vapeur, une telle allure deviendrait dangereuse ; heureusement que le simple contact des rhéophores, que je tiens toujours, peut arrêter à temps cet élan ; le passage du courant est, vous le voyez, un frein aussi instantané que puissant.

Que signifie l'expérience que nous venons de faire ? C'est que sans dépense de force mécanique nous ne pouvons produire de courant électrique ; la machine magnéto-électrique consomme du travail pour produire de l'électricité, de même que la machine à vapeur consomme de la chaleur pour produire du travail. Quant à l'électricité, elle ne devient manifeste ici qu'en se dépensant en chaleur, c'est ce qu'il s'agit maintenant de mettre en évidence. Quand vous voyez briller l'arc voltaïque entre deux charbons, vous ne doutez nullement que la température n'y soit très-élevée, et que, par conséquent, de ce petit foyer incandescent ne s'échappent des torrents de chaleur en même temps que de lumière ; mais ce n'est pas seulement en ce point, c'est sur tout son parcours que le courant développe de la chaleur, dans les fils qui amènent le courant, de même que dans celui qui forme les bobines. Cette chaleur est moins apparente, parce qu'elle est répartie sur un plus grand espace, mais elle n'en existe pas moins. Vous pourriez constater que la machine s'échauffe notablement quand elle a marché pendant un certain temps ; mais, à défaut de cette constatation, qui ne saurait être faite en ce moment, une série convenablement graduée d'expériences portera dans vos esprits la conviction que dans chaque portion du circuit se trouve mise en évidence une certaine quantité de chaleur due au passage du courant.

30. — A la place de la lampe électrique je mets ce fil de platine, assez fin et d'une médiocre longueur ; il devient d'un blanc éblouissant. Je le remplace par un autre un peu plus gros, celui-ci atteint seulement le rouge. En voici un un peu plus gros encore, sa température ne s'élève pas assez pour qu'il devienne

lumineux, mais il est encore très-chaud, et, ce qui le prouve, c'est qu'une allumette s'enflamme à son contact ; un plus gros encore ne manifeste sa chaleur qu'au toucher, je ne puis cependant endurer son contact pendant plus d'un instant. Maintenant qu'à la place de ce fil de platine j'en mette un autre de même dimension, mais qui soit d'argent ou simplement de cuivre, alors je puis le laisser impunément en contact avec la main, quoique la perception d'un dégagement de chaleur soit encore sensible. Si le cuivre dont est formé ce fil est le siége d'un dégagement de chaleur, il en doit donc être de même de celui qui forme le reste du circuit ; c'est ce que je voulais vous démontrer.

Ces expériences nous font voir aussi que la quantité de chaleur qui se développe dans une longueur donnée d'un conducteur dépend à la fois de la section de ce conducteur et de sa nature ; les conducteurs qui opposent le plus de *résistance* au passage des courants, c'est-à-dire ceux dont l'interposition diminue le plus l'intensité de ceux-ci, sont ceux qui donnent lieu au plus grand dégagement de chaleur. Si un conducteur est très-résistant, une même quantité de chaleur se répartira sur une moins grande masse de matière, l'élévation de température sera plus considérable ; voilà pourquoi le conducteur si résistant qu'on appelle l'arc voltaïque est le siége d'un dégagement si intense de chaleur.

Quant à la quantité de chaleur qui est dégagée, dans un temps donné, par un courant, on sait, d'après les recherches de M. Joule d'une part, de M. E. Becquerel de l'autre, qu'elle est proportionnelle au carré de l'intensité du courant mesurée soit par son action sur une aiguille aimantée, soit par la quantité d'action électro-chimique que ce courant peut produire.

31. — Croyez-vous qu'il soit nécessaire de construire une machine aussi compliquée que celle qui fonctionne sous vos yeux pour démontrer que, dans un circuit métallique, la conséquence même de l'induction est la transformation d'une certaine quantité de travail mécanique en chaleur ? Non, Messieurs. Une élégante expérience de M. Foucault va nous permettre d'arriver à la même conclusion avec un appareil qui occupe à peine quelques décimètres cubes.

Vous vous rappelez l'expérience de Faraday, qui faisait tourner un disque de cuivre entre les pôles d'un aimant, et démontrait, à l'aide du galvanomètre, l'existence de courants d'induction dans la masse de ce disque ; laissons de côté le galvanomètre, comme a fait M. Foucault, pour ne chercher la manifestation des courants induits que dans la chaleur qu'ils développent ; à cet effet, prenons un disque d'un faible diamètre, mais d'une grande épaisseur, donnons-lui une vitesse de près d'une centaine de tours par seconde, et faisons-le tourner entre les pôles d'un aimant aussi puissant que possible, c'est ici un électro-aimant.

Quand cet électro-aimant n'est pas aimanté, vous voyez qu'il suffit d'un faible effort sur la manivelle du système de rouages pour entretenir le mouvement du disque de cuivre rouge ; mais, aussitôt que la puissance magnétique se trouve communiquée à l'électro-aimant, la résistance devient considérable, il semble que le disque se meuve maintenant dans un milieu résistant. Voici seulement quelques minutes que nous entretenons le mouvement, et le disque s'est assez échauffé pour causer une impression douloureuse à la main.

Une autre disposition de la même expérience va rendre sensible à tout l'auditoire l'élévation de la température d'une masse métallique en mouvement entre les pôles d'un aimant. Au disque de tout à l'heure nous substituons une petite bouteille en cuivre rouge ; dans cette bouteille nous versons quelques gouttes d'éther, et nous fermons l'orifice par

Fig. 23.

E F D, électro-aimant; S S', N N', masses de fer doux prolongeant les pôles de cet électro-aimant; A, disque de cuivre rouge tournant sur l'axe B C ; M, manivelle qui sert à donner le mouvement au rouage dont l'axe B C est le dernier mobile (1).

---

(1) Cette figure est empruntée à la *Physique* de M. Jamin, ainsi que la fig. 11.—Les fig. 9 et 10 sont tirées de l'ouvrage de M. Desains. — Enfin les fig. 12, 13, 14 et 16 sont empruntées au traité de M. Ganot.

un bouchon de liége. Donnons le mouvement à l'appareil pendant quelques minutes : vous voyez l'expansion de la vapeur d'éther projeter le bouchon avec une légère explosion.

Maintenant, Messieurs, vous ne doutez plus, je pense, de l'utilité qu'il y avait à adopter les dispositions ci-dessus décrites pour empêcher des courants d'induction autres que ceux qu'on a intérêt à recueillir de s'établir dans la masse des parties mobiles; ces courants correspondraient à une dépense inutile de force mécanique, tout en diminuant d'autant celle réellement utilisée.

Cette induction parasite persiste néanmoins toujours un peu, on ne peut pas se flatter de l'éviter complétement; cependant la machine dont nous vous entretenons est bien près, sous ce rapport, de la perfection.

32. — J'ai fait, il y a une dizaine d'années, avec les éléments de ces mêmes machines, et cela dans des conditions qui se sont encore améliorées depuis, une série d'expériences qui montraient qu'au point de vue électrique le rendement de ces appareils était déjà bien près d'être complet.

Pour évaluer des quantités de travail mécanique on est dans l'habitude de prendre pour unité le *kilogrammètre*, c'est-à-dire le travail nécessaire pour déplacer de 1 mètre un point matériel quelconque à l'encontre d'une force résistante de 1 kilogramme; c'est, si vous voulez, le travail nécessaire pour élever de 1 mètre un poids de 1 kilogramme. Quand un tourneur de roue entraîne la manivelle de sa roue, il est obligé d'exercer un effort plus ou moins considérable sur cette manivelle; le produit de cet effort par le chemin parcouru mesure le *travail* dépensé par le manœuvre. Eh bien! on peut construire des manivelles qui gardent la trace des pressions qu'on a exercées sur elles à chaque instant du mouvement; telle est la manivelle dynamométrique de M. Morin; on peut donc tourner une roue mettant en mouvement une machine magnéto-électrique et apprécier exactement la quantité de travail dépensée pour effectuer un nombre de tours déterminé.

D'un autre côté, en introduisant dans un calorimètre une certaine portion du circuit parcouru par le courant, on peut évaluer la quantité de chaleur dégagée dans ce fil par le passage de ce courant et en conclure celle dégagée dans le circuit tout entier.

On a donc, d'une part, la quantité de chaleur résultant de la production du courant d'induction utile; de l'autre, la quantité de travail mécanique dépensée pour produire ce courant. Il a été trouvé ainsi que, pour dégager une calorie, c'est-à-dire la quantité de chaleur nécessaire pour élever de 1 degré centigrade

la température de 1 kilogramme d'eau, il avait fallu dépenser 458 kilogrammètres.

Or il peut être regardé comme un fait d'expérience que la quantité minimum de travail que l'on puisse dépenser pour produire une calorie est, en
nombre rond, égale à 430 kilogrammètres. On doit conclure de ces chiffres
que le rendement réel était seulement d'environ 1/15 plus faible que le rendement théorique.

Si maintenant nous faisons attention que les bobines qui ont servi à ces
expériences n'avaient que quatre fils parallèles au lieu de huit, que les rondelles
de laiton n'étaient pas fendues, et que l'isolement des bobines était certainement moins parfait que dans les machines que l'on construit aujourd'hui,
il y a lieu de croire que celles-ci sont bien près de réaliser le rendement
théorique.

Nous sommes ainsi naturellement amenés à nous poser cette question :
Quels sont donc, dans les machines magnéto-électriques actuelles, les perfectionnements désirables et possibles ?

Ce que nous pouvons leur demander n'est pas de mieux utiliser ce qu'elles
consomment, ce ne serait donc que de consommer davantage sous un même
volume et sous un même poids ; autrement dit, nous n'avons à chercher
que des économies de construction. Sans nul doute, il y en a quelques-
unes à trouver, mais elles dépendent plutôt des progrès de l'industrie générale
que de ceux de la physique ; tout ce que celle-ci pourrait faire, ce serait d'arriver à faire qu'une quantité donnée de matière fût le siége de courants induits
plus puissants ; cela est évidemment possible, mais il y a une limite qui, pratiquement, sera bientôt atteinte, elle nous est imposée par l'échauffement même
dont les différentes parties du circuit sont le siége et qui ne saurait devenir
trop grand sans être nuisible au point de vue de la conservation des appareils.

## II.

## LA LUMIÈRE ÉLECTRIQUE.

Messieurs, dans la séance précédente, nous avons exposé les principes fondamentaux qui président à la transformation du mouvement en électricité par l'intermédiaire des forces magnétiques, qui ne sont sans doute elles-mêmes qu'un cas particulier des actions électriques ; nous avons succinctement analysé les appareils primordiaux par lesquels les physiciens ont cherché d'abord à effectuer cette transformation ; passant alors à la machine puissante qui fonctionne sous vos yeux, nous avons examiné en détail les différentes parties qui la composent, les conditions auxquelles elles sont assujetties ; les raisons d'être de certaines particularités qu'elles présentent ; le mode d'action des courants discontinus et inverses qu'elle fournit ; et enfin, nous avons constaté le rendement presque parfait de ces appareils qui sont aujourd'hui une source d'électricité vraiment industrielle.

Aujourd'hui nous allons examiner en elle-même cette lumière électrique que la France a la première allumée sur ses côtes d'une manière définitive ; nous allons rechercher d'où elle vient, ce qu'elle est, ce qu'elle coûte, quels avantages spéciaux elle possède, enfin comment on l'a utilisée.

33. — Étant donnés deux morceaux d'une substance conductrice placés à une certaine distance l'un de l'autre, si nous supposons qu'ils soient le siége de tensions électriques contraires, si ces tensions sont suffisamment grandes, des particules matérielles seront arrachées aux surfaces en regard, et transportées de l'une à l'autre ; c'est à l'aide de cette sorte de pont que l'électricité va se mettre en équilibre sur les deux surfaces ; mais en même temps elle échauffe ce conducteur si ténu, le rend incandescent d'un éclat incomparable. Tel est le phénomène de l'étincelle électrique dans toute sa généralité.

Mais pour que l'électricité franchisse ainsi spontanément, sans préparation aucune, un espace rempli d'une matière non conductrice, il faut que sa tension soit assez considérable. Les appareils d'induction qui ont eu un si grand succès entre les mains habiles et persévérantes de M. Ruhmkorff fournissent de l'électricité d'une tension suffisante, mais dont la quantité est très-faible; au contraire, les machines magnéto-électriques donnent une grande quantité d'électricité d'une faible tension, comparable à celle des piles hydro-électriques. L'électricité à faible tension peut cependant parcourir l'espace existant entre deux conducteurs; pour cela il suffit d'amener d'abord ceux-ci au contact et de les écarter ensuite l'un de l'autre d'une certaine quantité qui ne dépassera généralement pas quelques millimètres. Le passage de l'électricité est alors aussi continu que sa production par la source; il se produit ce que l'on appelle l'*arc voltaïque*.

Cet effet se produit entre deux corps conducteurs quelconques; mais c'est surtout entre deux morceaux de charbon que se manifeste la plus vive incandescence.

Davy fit le premier l'expérience en 1813; mais, à cette époque, les piles à courant constant n'étaient pas connues, et à peine pouvait-on jouir du phénomène dans tout son éclat pendant quelques minutes; ce n'était qu'une expérience curieuse. L'invention de la pile à sulfate de cuivre, dont l'idée première est due à M. Becquerel, mais à laquelle le physicien anglais Daniell, plus heureux, a donné son nom, et enfin, la pile de Bunsen, moins constante mais plus énergique que la précédente, permirent de conserver au courant une intensité suffisante durant plusieurs heures.

Pendant le passage du courant les charbons s'usent, tant à cause de leur combustion que par le transport et la dissémination de leurs molécules; nous avons déjà dit quel signalé service M. Foucault rendit à la cause de la lumière électrique, par l'invention d'un mécanisme destiné à faire avancer spontanément les charbons au fur et à mesure de leur usure. Pour être juste, nous devons dire que quelque temps auparavant une solution du même problème avait été donnée en Angleterre par MM. Staite et Pétrie; mais la disposition de M. Foucault est la seule qui ait prévalu dans les nombreux appareils qui depuis cette époque (1849) ont été construits dans le même but.

M. Foucault donna encore aux progrès de la lumière électrique une non moins puissante impulsion en substituant au charbon végétal qu'employait Davy le charbon métallique qui s'agglomère naturellement au fond des cornues où on distille la houille pour la fabrication du gaz de l'éclairage. Le charbon végétal, en raison de sa faible densité, étant assez mauvais conducteur, s'échauffait beaucoup dans la masse, s'usait très-rapidement par sa combustion dans l'air; le charbon des cornues, très-dense, très-cohérent, s'échauffe moins et résiste beaucoup plus longtemps sous le même volume. C'est ce même charbon des cornues à gaz qui, entre les mains de M. Archereau, a si heureusement transformé la pile de Bunsen et l'a rendue pratique. M. de la Rive paraît avoir attiré, le premier, l'attention sur cette matière remarquable; il en plaçait au pôle positif des fragments creusés dans lesquels il effectuait la fusion des métaux les plus réfractaires.

34. — Le dernier mot n'est cependant pas dit sur cette question, et le charbon des cornues offre encore de graves inconvénients; sa compacité n'est pas uniforme, tant s'en faut; il s'éclate quelquefois, s'use souvent inégalement; enfin on voit se produire presque constamment des variations d'éclat assez considérables. Ces variations tiennent surtout à la présence de matières étrangères, telles que des sels alcalins ou terreux, et aussi de quantités notables de silice. Ces matières sont beaucoup moins fixes que le charbon, elles entrent en vapeur et forment pour une grande partie la flamme qui entoure l'arc. Cette flamme est plus conductrice que l'arc voltaïque proprement dit; en outre, elle a une beaucoup plus grande section; elle s'échauffe donc moins que lui et, comme de plus c'est un corps gazeux, son pouvoir d'irradiation est moindre que celui des particules charbonneuses qui constituent l'arc. En voilà assez pour expliquer la diminution frappante d'intensité que l'on observe chaque fois que se produit la flamme dont nous venons de parler. Plusieurs tentatives ont été faites pour substituer au charbon des cornues des produits analogues, mais dont par une fabrication spéciale on pût régler à coup sûr la qualité. Les deux plus remarquables d'entre ces tentatives sont celles de M. Curmer et de M. Jacquelain.

Le procédé de M. Curmer a été tenu secret jusqu'ici dans ses détails; il consistait surtout dans la calcination de certains mélanges de matières organiques moulées sous forme de cylindres; la décomposition de ces matières laisse un charbon poreux; on l'imbibe de substances riches en carbone, telles que des résines ou des matières sucrées, puis on calcine de nouveau; c'est en répétant cette opération un certain nombre de fois, et surtout en faisant durer la calcination très-longtemps et à une température aussi élevée que possible, que M. Curmer réussissait à produire des charbons d'une nature vraiment remarquable. On pouvait cependant leur reprocher de n'être pas assez denses, aussi leur conductibilité était-elle insuffisante et avaient-ils l'inconvénient de s'échauffer beaucoup plus que le charbon des cornues; mais il est infiniment probable que dans une fabrication suivie on ferait disparaître ces défauts. Comme on le voit d'après ce que je viens de dire, le procédé de M. Curmer se rapprochait de celui employé pour fabriquer les charbons de la pile de Bunsen avant que M. Archereau n'eût songé à utiliser pour cet objet le charbon métallique des cornues.

M. Jacquelain a cherché à imiter dans des conditions spéciales les circonstances qui pendant la fabrication du gaz donnent spontanément naissance à ce même charbon des cornues. Ces circonstances sont l'arrivée au contact des parois incandescentes des appareils de matières hydrocarburées très-denses dont une partie se volatilise, et dont le reste se décompose en laissant pour résidu une couche de charbon. Dans les cornues des usines à gaz, ces matières hydrocarburées entraînent avec elles un grand nombre des impuretés que contient la houille. En prenant des goudrons provenant d'une véritable distillation, débarrassés, par conséquent, de toutes les impuretés non volatiles, et réalisant dans des appareils spéciaux ces conditions de décomposition au contact de parois fortement échauffées, on devait reproduire le charbon des cornues mais jouissant d'une pureté parfaite. C'est ce qu'a fait M. Jacquelain, et les résultats obtenus ont été remarquables; ainsi préparé le charbon possède des qualités exceptionnelles; la lumière qu'il fournit est parfaitement tranquille, plus blanche, et d'environ 1/4 plus intense à force électrique égale que celle donnée par les charbons ordinaires. Par des circonstances indépendantes de la volonté de M. Jacquelain, cette fabrication n'a pas été poursuivie industriellement; il serait désirable qu'elle pût un jour être entreprise.

35. — Voilà en quelques mots l'histoire, réduite à ses points les plus saillants, de cette brillante et mystérieuse lumière électrique. Quand on la voit pour la première fois, elle semble un phénomène exceptionnel, *sui generis;* mais, quand on étudie de près les effets calorifiques dus au passage des courants, on ne tarde pas à y reconnaître un cas particulier d'un phénomène plus général. On peut aller plus loin, et je ne puis résister au désir de vous faire part de quelques aperçus curieux, qui, étant admise la puissance que possède l'électricité de détacher les particules des corps pour les entraîner dans son mouvement, font rentrer ce phénomène dans ceux que nous avons l'habitude d'observer tous les jours.

Certains sauvages savent se procurer du feu par la friction de deux morceaux de bois convenablement préparés; au bon temps des diligences, on voyait quelquefois le moyeu d'une roue mal graissée s'enflammer; sur nos voies ferrées, les roues ne s'enflamment pas parce qu'elles sont entièrement métalliques, mais les coussinets peuvent quelquefois s'approcher de la chaleur rouge. Quand on battait l'antique briquet, on faisait une expérience remarquablement propre à mettre en évidence le développement de chaleur qui résulte du frottement, puisqu'on élevait assez la température des parcelles de fer détachées du fusil pour qu'elles s'enflammassent à l'air ; malheureusement, pour pouvoir battre le briquet, il fallait quelque peu de force, d'adresse et de prévoyance, nous l'avons remplacé par l'allumette dite chimique, et c'est encore le frottement qui dégage la chaleur nécessaire à son inflammation, mais ce frottement est plus facile, trop facile même à réaliser. La balle qui déchire l'air s'échauffe par son frottement contre ce gaz ; elle s'échauffe bien plus encore en frappant le but. Autrefois on se donnait la peine d'adapter, aux projectiles creux destinés à éclater à l'intérieur des ouvrages ennemis, des mèches, des fusées et autres dispositions propres à enflammer la charge de poudre contenue dans ces projectiles ; aujourd'hui les choses se simplifient de ce côté : quand il s'agit de disloquer des blindages de fer, la résistance sérieuse qu'éprouve alors le projectile l'échauffe assez pour enflammer la composition explosive qui y est renfermée.

Nous pourrions trouver bien d'autres exemples, plus ou moins vulgaires ou grandioses, de la chaleur produite par le frottement ou par le choc ; eh bien ! nous allons retrouver les mêmes phénomènes dans l'étroit espace occupé par l'arc voltaïque.

En jaillissant d'un charbon à l'autre le courant entraîne, avons-nous dit, des particules excessivement ténues ; ce sont autant de petits projectiles, d'une masse très-faible, mais animés d'une vitesse énorme, comparable sans doute à celle de la propagation de l'électricité ; dans les chocs et les frottements qu'elles subissent leur force vive se transforme en chaleur. Chaque particule, en venant s'amortir contre le charbon opposé à celui duquel elle est arrachée, l'échauffe directement, comme la balle échauffe le but dans lequel elle pénètre. Les surfaces en regard s'échauffent d'ailleurs mutuellement par rayonnement ; aussi le maximum d'incandescence des charbons a-t-il lieu dans les parties entre lesquelles se forme l'arc.

36. — Pour examiner directement ce qui se passe dans l'arc voltaïque il faudrait de grandes précautions afin de mettre l'organe de la vue en garde contre l'intensité considérable de la lumière ; mais cette même intensité va nous permettre de faire jouir toute l'assemblée des plus petits détails de la surface

des charbons. Interposons entre eux et cet écran une lentille d'un foyer convenable, vous apercevez alors l'image des charbons agrandie une centaine de fois; cette projection vous permet de juger, sans fatigue, de l'ensemble du phénomène.

Fig. 24.

Entre ces charbons (fig. 24) passe le courant continu d'une pile de Bunsen ; vous voyez le charbon inférieur s'allonger aux dépens de l'autre ; le charbon supérieur est le charbon positif, c'est lui qui communique avec le côté charbon de la pile ; s'il est moins pointu que l'autre, c'est qu'il perd de la matière tandis que l'autre en gagne ; en effet, l'apointissement dépend du rapport entre l'usure du bout et celle des côtés ; l'usure du bout pour le charbon positif est trop rapide pour que la pointe se forme. Si nous intervertissons le sens du courant, vous voyez le charbon qui tout à l'heure était le plus pointu s'épointer tandis que l'autre s'effile.

De petits globules $g$, $g_1$ bouillonnent çà et là à la surface des charbons, ce sont des globules de silice fondue ; vous remarquerez que ces globules n'apparaissent pas aux points des charbons où la température est la plus élevée, ils sont volatilisés avant que l'usure des charbons les ait atteints. Nous voici dans une veine très-impure, une quantité trop considérable de ces globules de silice se montre ; l'éclat de l'arc faiblit, et, si on souffle légèrement en travers des charbons, le courant d'air incline la flamme et nous montre son développement. Nous atteignons maintenant une partie des charbons où leur pureté paraît ne rien laisser à désirer. Vous voyez comme l'arc est tranquille, la marche régulière, les surfaces nettement terminées. Vous apercevez la douce lumière bleuâtre de l'arc contrastant avec le blanc éclatant de certaines parties des charbons ; l'arc forme une sorte de cône tronqué renflé dans sa partie moyenne, dont les deux bases sont sur les charbons ; ces deux bases sont les parties les plus éclairantes, c'est sur elles que la température est la plus élevée.

L'arc est relativement peu brillant, c'est qu'il est sans doute à l'état gazeux, et les substances gazeuses ont généralement un faible pouvoir émissif pour les radiations lumineuses proprement dites. Au contraire, le charbon solide a un pouvoir émissif considérable, et, comme le carbone est très-peu volatil, il peut conserver l'état solide à une température excessivement élevée. Les corps qui donnent lieu à la plus vive émission de lumière sont ceux qui peuvent bénéficier à la fois de ces deux circonstances : état solide et température élevée. C'est ce qui explique le grand pouvoir d'irradiation de certaines terres, telles que la chaux et la magnésie, qui sont plus réfractaires que le platine.

37. — Quand on se sert du courant d'une pile, le rapport de l'usure des deux charbons est environ de 1 à 2, le positif étant, avons-nous dit, celui qui s'use le plus. Quand on emploie les courants discontinus et inverses de la machine magnéto-électrique, le rôle des deux charbons s'intervertissant à chaque instant, ils se trouvent tous deux, au point de vue du courant, dans les mêmes conditions ; leur usure devrait être théoriquement la même. Mais ce n'est pas seulement la dissémination des particules qui use les charbons, c'est aussi la combustion par l'air, et, à ce point de vue, les deux charbons ne sont pas identiquement dans les mêmes conditions : le charbon inférieur est baigné par un courant d'air froid et le supérieur par un courant d'air chaud, en partie vicié, il est vrai, par la combustion du charbon inférieur ; aussi trouve-t-on que le

charbon supérieur s'use plus que l'autre dans le rapport de 108 à 100. Dans les appareils régulateurs de la lumière électrique cette différence d'usure est prévue de telle sorte que chacun des charbons, avançant proportionnellement à son usure moyenne, le point lumineux ne se déplace que de quantités peu appréciables provenant de l'irrégularité des charbons. On comprend que ces variations doivent être d'autant plus petites que la différence entre l'usure des charbons est elle-même moindre, et que, par conséquent, il y a encore, à ce point de vue, un grand intérêt à l'emploi des courants inverses.

Nous avons prononcé tout à l'heure le mot de *dissémination*, c'est qu'en effet il se produit un phénomène de ce genre. Il semble au premier abord que, si on plaçait les charbons dans le vide ou dans un milieu incapable d'agir chimiquement sur eux, leur usure devrait être nulle, et que tout se bornerait à une déformation de ces charbons par suite du transport qu'effectue l'électricité. Ce n'est cependant pas ce qui arrive : dans le vide, ou plus simplement dans l'air confiné qui devient bientôt impropre à la combustion, les charbons s'usent beaucoup moins rapidement que dans l'air libre, mais ils s'usent cependant, et on trouve l'enceinte parsemée d'une sorte de poussière grisâtre excessivement ténue. On conçoit, en effet, que, l'arc étant formé d'une véritable vapeur de carbone, cette vapeur, obéissant à la force d'expansion qui résulte de la température, sorte en partie de la sphère d'action du courant et aille, en se condensant, se disséminer dans l'espace sous la forme de poussière.

38. — En résumé, la lumière électrique ne doit ses propriétés spéciales qu'à la condensation d'une grande quantité de chaleur dans un espace très-restreint. Cette chaleur est empruntée au foyer de la machine à vapeur qui met en mouvement l'appareil magnéto-électrique ; théoriquement, elle pourrait en différer extrêmement peu ; pratiquement, elle n'en est qu'une très-faible partie. C'est que, dans la pratique, il faut tenir compte d'une foule de circonstances dont la théorie n'a pas à se préoccuper. D'ailleurs la question n'est pas de savoir si nous employons bien tout ce que pourrait produire de chaleur la houille que nous brûlons sous le générateur de vapeur, mais si par quelque autre moyen nous pourrions arriver à condenser une aussi grande quantité de lumière dans un espace aussi restreint, et à ce point de vue l'arc voltaïque laisse bien loin derrière lui tous les autres modes de production.

Condenser la chaleur dans un espace restreint de manière à élever beaucoup la température des corps, tel est le problème de la production de la lumière. Dans la combustion d'un corps, c'est-à-dire dans sa combinaison avec l'oxygène, pour une même quantité du corps brûlée, il se produit toujours la même quantité de chaleur, que l'oxygène soit pris pur ou qu'il soit pris dans l'air atmosphérique, où il n'entre que pour 1/5 environ. Mais, quand le corps brûle dans l'air, l'azote, qui forme les 4/5 du mélange, d'une part absorbe une certaine quantité de chaleur, de l'autre empêche qu'il ne vienne au contact du corps, pendant un temps donné, une aussi grande quantité d'oxygène que si cet oxygène était pur ; dans le gaz mélangé la combustion est moins rapide que dans le gaz pur, il se produit moins de chaleur dans le même temps, la température s'élève moins.

L'électricité est le meilleur moyen connu pour condenser la plus grande quantité de chaleur possible en un espace excessivement restreint ; mais c'est, en outre, celui qui donne le plus de facilités pour le transport de cette chaleur en un point donné,

39. — Il y a un rapport déterminé entre la vitesse de rotation de la machine magnéto-électrique et l'éclat de la lumière qui se produit entre les charbons. Vous en voyez en ce moment la preuve : à mesure que la vitesse s'accélère, l'éclat de la lumière augmente, mais il n'y a pas proportionnalité entre l'intensité lumineuse et la vitesse ; ces deux quantités ne sont pas reliées immédiatement entre elles par des lois simples ; les conditions se modifient les unes les autres.

La vitesse de la rotation règle l'intensité des courants. L'intensité des courants détermine la quantité de chaleur dégagée dans l'unité de temps par leur passage entre les deux charbons ; et enfin cette quantité de chaleur détermine la température et, par suite, l'éclat de la lumière.

Voilà la division la plus tranchée qu'on puisse faire entre les divers phénomènes intermédiaires ; mais il est des circonstances accessoires qui varient elles-mêmes et modifient ceux-ci ; de là des complications assez grandes qui empêchent les phénomènes de suivre des lois simples ; nous signalerons ces circonstances accessoires au fur et à mesure qu'elles se présenteront dans l'examen que nous allons faire des circonstances principales.

40. — *Variation de l'intensité du courant avec la vitesse de rotation.* — Le passage d'une bobine d'un pôle à l'autre produit, dans cette bobine, un certain effet d'induction ; il est donc naturel de supposer que, dans un temps donné, le courant sera d'autant plus intense que la bobine passera un plus grand nombre de fois entre deux pôles contraires, c'est-à-dire que la vitesse de rotation sera plus grande ; l'expérience prouve qu'en effet l'intensité moyenne du courant augmente bien avec la vitesse de rotation de la machine, mais elle croît moins rapidement que celle-ci. D'ailleurs la manière dont l'intensité varie avec la vitesse dépend

de deux circonstances, à savoir : l'intensité elle-même du courant et le nombre
plus ou moins grand des bobines accouplées en tension.

J'ai autrefois cherché quelles valeurs prenait, à différentes vitesses, la
force électro-motrice d'une bobine suivant que cette bobine faisait partie
d'un groupe plus ou moins nombreux. La méthode d'observation consistait à
chercher quelle vitesse il fallait donner à un groupe de bobines pour
lui faire annuler le courant d'un certain nombre d'éléments de Bunsen placés
en opposition avec lui. Ces expériences sont résumées par les courbes que
voici :

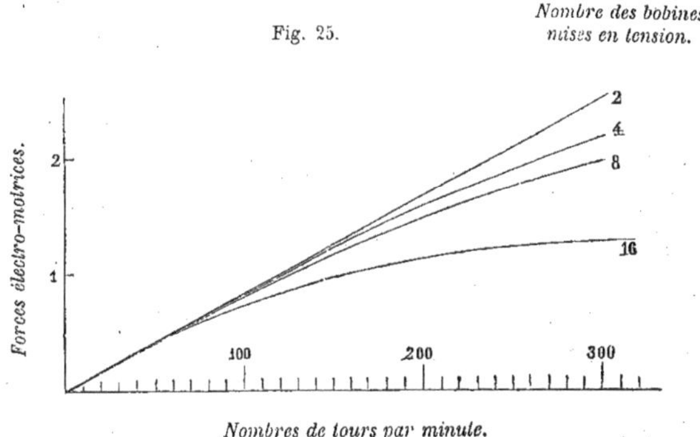


*Nombres de tours par minute.*

On voit que plus le nombre des bobines mises en tension est considérable,
moins rapidement leur force électro-motrice croît avec la vitesse. Pour seize bobines en tension, ce qui est le cas des machines qui fonctionnent ici, la force
électro-motrice croît très-peu rapidement à partir de deux cents tours par
minute; à trois cents tours elle n'est pas éloignée de son maximum, que très-
probablement elle n'atteint réellement que par une vitesse encore plus grande.

Quand au lieu de rendre le courant très-faible, comme dans la méthode
d'opposition que nous venons d'employer, on laisse prendre à son intensité des
valeurs assez considérables, on trouve que cette intensité croît encore moins
rapidement avec la vitesse que les courbes ci-dessus ne l'indiquent.

Il résulte donc de tout cela que les accroissements d'intensité coûtent de
plus en plus cher, quand on veut les obtenir par les accroissements de la
vitesse, car si théoriquement chaque tour ne consomme qu'une quantité de
travail proportionnelle à l'effet utile qu'il produira finalement, pratiquement
chaque tour entraîne la perte d'une certaine quantité de travail afférente aux

ravaux passifs de toute sorte. Cependant dans les applications calorifiques de l'électricité il importe, comme nous allons le voir, d'atteindre ces intensités élevées, parce que l'effet utile dépend surtout de la quantité d'action mise en jeu dans un temps donné ; dans les applications chimiques au contraire, pour lesquelles l'effet est proportionnel à la première puissance de l'intensité, il y a intérêt, au point de vue de l'économie de la force motrice, à ne pas réaliser de grandes vitesses de la machine.

**41.** — *Variation de la température avec l'intensité du courant.* — Nous avons déjà eu l'occasion de dire que les quantités de chaleur dégagées pendant l'unité de temps par le passage d'un courant dans un conducteur donné étaient proportionnelles au carré de l'intensité du courant et à la résistance du conducteur. Ainsi, si la résistance de l'arc voltaïque restait constante, la quantité de chaleur qui y est produite dans l'unité de temps croîtrait comme le carré de l'intensité du courant, c'est-à-dire qu'elle deviendrait, par exemple, quadruple quand l'intensité du courant devient double : on commence déjà à voir quel intérêt il peut y avoir à augmenter l'intensité du courant.

On ne peut pas dire que la résistance de l'arc reste constante, lorsque l'intensité augmente, car évidemment cet arc s'élargit par suite de l'incandescence d'une plus grande surface des charbons ; sa résistance diminue donc, parce que la section augmente ; mais en somme cette section n'augmente pas si vite que la quantité de chaleur, et celle-ci continue de croître plus vite que l'intensité du courant.

D'un autre côté, la quantité de lumière émise par un corps ne dépend que de sa température, et celle-ci devient stationnaire lorsqu'il y a égalité entre la chaleur qui lui est amenée par quelque cause que ce soit et celle qu'il perd par rayonnement. Il nous est impossible d'analyser exactement ce qui se passe dans l'arc voltaïque, mais finalement sa température doit s'élever en même temps que son volume augmente. Il doit d'ailleurs en être ainsi lorsqu'on augmente le volume d'un corps qui est le siége d'un dégagement de chaleur qui a lieu dans tous les points de ce volume ; dans un tel cas, en effet, le dégagement de la chaleur est proportionnel au volume du corps, tandis que la perte n'ayant lieu que par la surface est proportionnelle à cette surface, or les volumes sont proportionnels aux cubes et les surfaces aux carrés des dimensions ; si donc on double les dimensions d'un corps placé dans ces conditions, la chaleur dégagée pendant un même temps sera huit fois plus grande, tandis que la perte ne sera que quadruple ; la température devra donc s'élever et deviendra bientôt stationnaire, parce qu'à chaque température correspond un coefficient de perte qui croît rapidement avec la valeur de cette température.

**42.** — *Variation de l'intensité lumineuse avec la température.* — Ainsi, en résumé, la température des parties incandescentes de l'arc va en croissant avec la vitesse de rotation de la machine magnéto-électrique moins rapidement que celle-ci ; mais il faut que vous sachiez qu'il suffit d'une bien faible variation dans la température pour faire gagner considérablement en intensité lumineuse, surtout vers ces points élevés de l'échelle des températures. M. Edmond Becquerel a cherché, dans un de ses travaux les plus considérables, à évaluer les températures des principales sources lumineuses, en même temps que leurs intensités relatives ; ces deux quantités peuvent s'évaluer directement jusque vers 1 200 degrés centigrades. Voici les résultats de ses observations :

| Température. | Intensité de la lumière (1). |
|---|---|
| 500°. | 0,0 |
| 600. | 0,003 |
| 700. | 0,02 |
| 800. | 0,13 |
| 900. | 0,75 |
| 916 (fusion de l'argent). | 1 |
| 1000. | 4 |
| 1037 (fusion de l'or). | 8 |
| 1100. | 25 |
| 1157 (fusion du cuivre). | 69 |
| 1200. | 146 |

Tous ces résultats peuvent se lier par une formule empirique, et en supposant que cette formule convienne aussi bien aux températures comprises entre 1 200 et 2 000, ce qui n'est pas prouvé, mais est sans doute probable, on arrive aux chiffres que voici :

| | |
|---|---|
| 1500°. | 28 900 |
| 2000°. | 191 000 000 |

Or 2 000 est approximativement la température de l'arc voltaïque, telle qu'elle a été conclue, par M. Edm. Becquerel, de la comparaison qu'il a faite de la partie la plus lumineuse des charbons avec la flamme d'une lampe Carcel.

Pour vous rendre plus saisissable la rapidité considérable avec laquelle croît l'émission de la lumière lorsque la température augmente, j'ai dressé la courbe des intensités lumineuses. L'intensité de la lumière émise par l'argent en fusion y est représentée par une ordonnée de 1 millimètre.

---

(1) L'unité d'intensité est arbitraire.

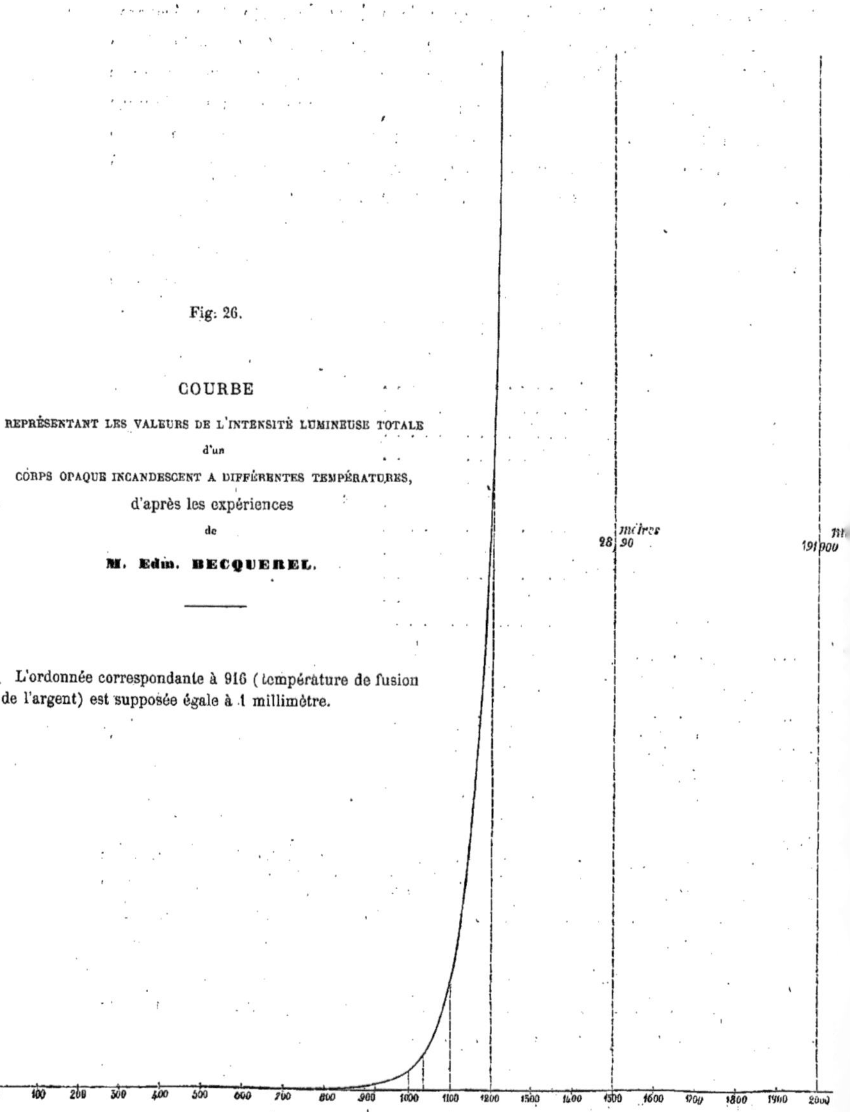


Températures en degrés centigrades.

Vous voyez que la courbe se traîne, en quelque sorte, sur l'axe des abscisses entre 500 degrés, température à laquelle tous les corps paraissent commencer à émettre une quantité de lumière appréciable, et 800 degrés. De 800 à 916 degrés, fusion de l'argent, l'intensité est devenue près de huit fois plus considérable ; à 1 037, elle est 8 fois ce qu'elle était à 916 ; à 1,100, 25 fois ; à 1 157, 59 fois ; à 1 200, 146 fois la même quantité. Mais nous ne pouvons continuer plus loin notre courbe autrement que par la pensée ; à 1 500 degrés, l'intensité serait 28 900 fois ce qu'elle était à 916 degrés, c'est-à-dire qu'il nous faudrait élever une ordonnée de 28 900 millimètres ou $28^m,9$ : il nous faudrait trois rouleaux de papier pour une ordonnée. Mais que ne nous faudrait-il pas pour représenter l'intensité correspondante à 2 000 degrés, puisque l'ordonnée aurait ici 191 000 000 de millimètres, ou 191 000 mètres, ou encore 191 kilomètres, c'est-à-dire la distance de Paris à Arras par la voie ferrée.

43. — Il résulte de ces nombres, et c'est là surtout que je voulais en venir, que vers ces températures élevées une faible variation dans la température correspond à une très-grande variation dans l'intensité lumineuse aux environs de 2 000 degrés ; celle-ci varierait, en effet, de $\frac{1}{10}$ de sa valeur pour une variation de température de 23 degrés ; il suffirait d'une centaine de degrés en plus des 2 000 pour presque doubler l'intensité lumineuse, d'une centaine de degrés en moins pour presque la réduire à moitié.

Sans doute, ces résultats n'offrent pas une certitude absolue, car ils ne sont obtenus qu'en supposant que certaines lois physiques subsistent bien au delà des limites où on peut s'assurer de leur existence ; mais je tiens à vous faire voir que, si quelques chiffres nous étonnent tout d'abord, en y regardant de plus près, ils cesseront de paraître aussi exorbitants. Plus d'une personne parmi vous se sera sans doute récriée mentalement, entendant dire que l'intensité lumineuse de ces charbons incandescents était égale à 191 000 000 de fois celle de l'argent au moment de sa fusion. Il faut bien comprendre ce que cela veut dire : si on conçoit deux surfaces égales entre elles, de 1 millimètre carré par exemple, l'une d'un éclat égal à celui de la partie la plus brillante des charbons, l'autre couverte d'argent en fusion, la première de ces deux surfaces éclairerait 191 000 000 fois autant que la seconde. Or voici la projection des charbons sur un écran : je sais quelle est l'amplification de l'image ; j'apprécie ainsi que ces parties si éblouissantes nous présentent une surface très-restreinte, que je l'évalue à 1 millimètre carré ; c'est là la partie éclairante, proprement dite, de la lumière électrique pour une direction sensiblement horizontale : imaginons donc une surface de 1 millimètre carré d'argent en fusion placée à 1 centimètre d'un écran, et cherchons à quelle distance il faudrait placer cette lampe électrique qu'on nous dit être 191 000 000 de fois plus éclairante pour qu'elle éclairât cet écran de la même manière. On sait que l'intensité varie en raison inverse du carré de la distance; il faudra donc placer l'écran à un nombre de centimètres marqué par $\sqrt{191\,000\,000}$ ou à 13 800 centimètres environ, c'est-à-dire à 138 mètres. Ainsi présenté, ce résultat n'offre plus rien de paradoxal.

# III.

## APPLICATION DE LA LUMIÈRE ÉLECTRIQUE A L'ÉCLAIRAGE DES PHARES.

**44.** — Pendant longtemps les phares ne furent que des foyers où l'on brûlait des quantités plus ou moins considérables de bois; comme premier progrès des temps modernes, la houille fut substituée au bois. C'est seulement vers 1784 que Teulère et Borda remplacèrent par des lampes à l'huile le brasier des temps primitifs. Mais ces petits foyers de lumière n'eussent pas envoyé une lumière suffisante vers tous les points de l'horizon à la fois : ces ingénieurs concentraient donc les rayons des lampes dans une direction déterminée en les plaçant au foyer de réflecteurs paraboliques; et comme, d'un autre côté, il faut pouvoir signaler la présence d'un phare à tous les points de l'horizon ou

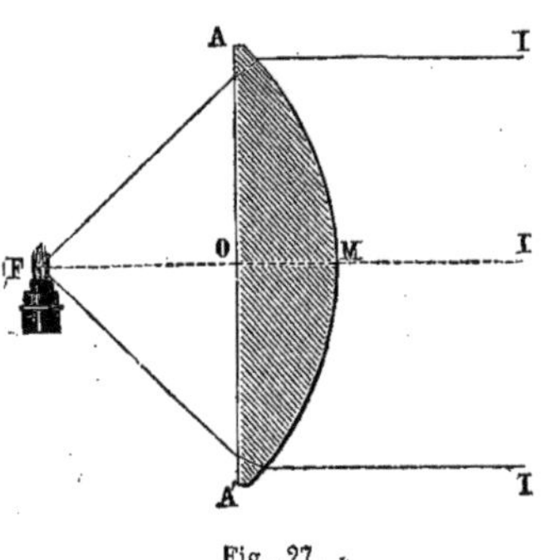


Fig. 27.

à peu près, les appareils étaient animés d'un mouvement de rotation : telle est l'origine des phares à éclipses.

Vers 1822, Fresnel eut l'idée d'employer des lentilles au lieu de miroirs pour la concentration des rayons; il créa alors le magnifique instrument connu sous le nom de *lentille à échelons*.

On appelle *lentille* une masse de verre A M A' (fig. 27) terminée par deux surfaces sphériques, ou par une surface sphérique et l'autre plane. Une lentille jouit de la propriété de renvoyer, sans divergence, tous les rayons lumineux qu'elle peut recevoir de certains points de l'espace dont la position est déterminée par sa forme. Parmi tous ces points on considère spécialement le point F qui est situé sur l'axe de figure de la lentille. C'est ce point qu'on cherche à faire coïncider avec la partie centrale du foyer lumineux dont on veut utiliser les rayons.

La quantité de rayons utilisée par une lentille est d'autant plus grande que l'angle A F A′ est lui-même plus grand ; il y a deux manières d'augmenter cet angle : d'une part en diminuant la distance O F ou *distance focale principale* de la lentille, de l'autre en augmentant le diamètre A A′ de cette lentille. Mais de chaque côté on tombe dans des inconvénients de nature diverse : pour diminuer la distance O F, on est obligé d'augmenter la courbure de l'arc A M A′, générateur de la surface sphérique de la lentille, ce qui augmente l'épaisseur du verre en O M ; pour une valeur donnée de O F, si on augmente le diamètre A A′ on augmente aussi l'épaisseur, moins rapidement, il est vrai, mais en même temps aussi on accroît la difficulté de se procurer des masses de verre convenables ; de plus on se heurte à d'autres embarras résultant du poids et de la dimension des appareils.

La solution de Fresnel est venue lever toutes ces difficultés ; elle permet de faire, en quelque sorte, le tour du foyer lumineux pour recueillir tous les rayons qu'il émet et les renvoyer dans une direction déterminée, et cela en n'employant de matière réfringente, c'est-à-dire de verre que la quantité qu'on juge nécessaire pour assurer la solidité du système.

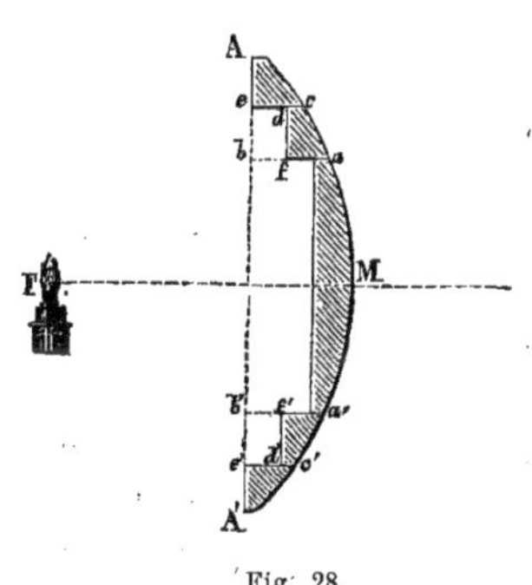

Fig. 28.

Chaque zone de la lentille massive A M A′ (fig. 28) a une action qui peut, dans une première approximation, être regardée comme indépendante de son épaisseur. La partie centrale *a* M *a′*, débarrassée de la masse cylindrique qui a pour base *b b′*, groupera les rayons de la même manière qu'auparavant.

Resterait un anneau A A′ *b b′ a a′* ; dans cet anneau à surface sphérique nous pouvons également supprimer une partie annulaire cylindrique *b b′ d d′ e e′ f f′*, et rapprocher ensuite cet anneau de celui restant, et ainsi de suite, de manière à donner au système l'apparence de la figure 29; on a alors ce que l'on appelle *une lentille à échelons.*

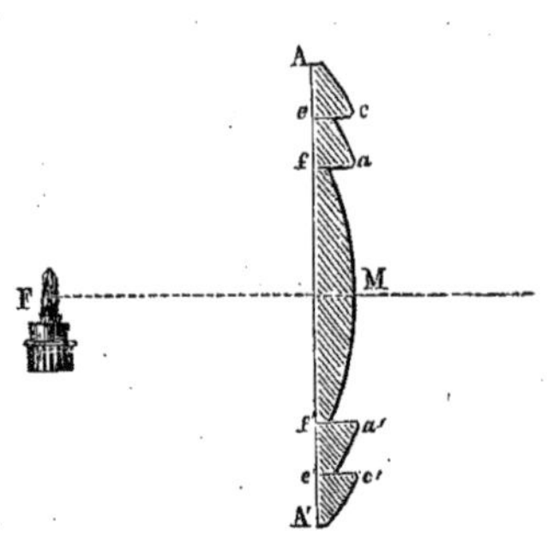

Fig. 29.

Chaque anneau lui-même est partagé suivant sa grandeur et un nombre plus ou moins grand de segments que l'on réunit ensuite par des armatures métalliques. On réalise ainsi des lentilles aussi grandes qu'on peut le désirer, sans avoir besoin de masses énormes de matière, difficiles à obtenir, embarrassantes par leur poids, presque impossibles à travailler, et qui, en outre, produiraient une absorption notable de lumière.

Il y a mieux, les effets d'un tel système dioptrique peuvent être rendus plus parfaits que s'il était d'une seule masse ; celle-ci, en effet, ne pourrait être facilement travaillée sur toute sa surface que suivant une courbure sphérique ; or cette forme ne renvoie les rayons parallèlement à eux-mêmes qu'autant que la surface employée est d'une petite étendue par rapport à la surface totale de la sphère à laquelle elle appartient ; ainsi la portion centrale $M\,aa'$, par exemple, de la figure 28 satisfera à la condition exigée, mais la zone $aa'cc'$ y satisfera moins complétement, la zone $A\,A'\,cc'$ plus imparfaitement encore. C'est à ce défaut qu'on donne le nom *d'aberration de sphéricité.* On conçoit qu'on y puisse remédier en variant les courbures des divers anneaux ; c'est précisément ce que permet la fabrication segmentée qui est le principe des lentilles à échelons.

45. — On ne peut cependant pas, au moyen de lentilles seulement, recueillir toute la quantité désirable de rayons ; Fresnel compléta l'invention des lentilles à échelons par celle des anneaux catadioptriques. Voici leur principe : lorsqu'un rayon lumineux se propage dans une matière plus réfringente que le milieu qui l'entoure, ce rayon, arrivant à la surface de séparation des deux milieux, ne peut passer du premier dans le second qu'autant qu'il fait un angle suffisamment grand avec cette surface ; il s'y réfléchit alors en totalité, beaucoup mieux, par conséquent, que sur nos meilleurs miroirs métalliques ; il éprouve ce qu'on appelle une *réflexion totale.* La surface agit comme un miroir par-

fait; si cette surface est courbe, elle présentera les propriétés des miroirs courbes.

La figure 30 montre le profil d'un anneau catadioptrique. Un rayon parti du point F rencontre une première surface plane **M P** par laquelle il pénètre dans le verre en subissant une certaine déviation ; il rencontre alors la surface courbe **M B N**, il s'y réfléchit totalement et sort ensuite par la surface **N P**. On conçoit qu'on puisse disposer des divers éléments de la question, à savoir de la courbure de **M N** et des inclinaisons des faces **M P** et **N P** entre elles et avec

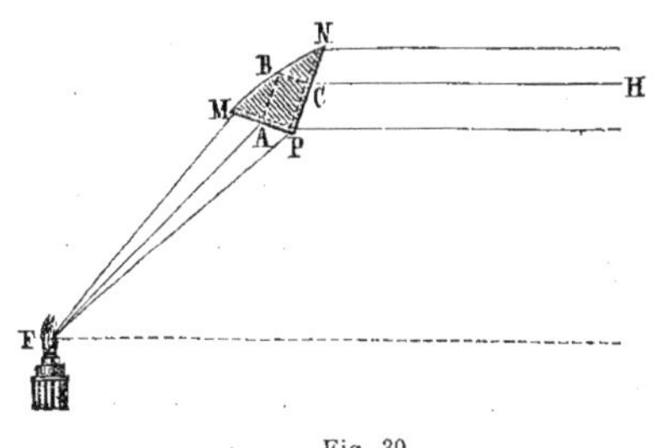

Fig. 30.

l'horizon, pour que le rayon sorte parallèlement à une direction donnée **C H**.

46.—Pour achever de vous faire connaître les perfectionnements que les phares durent à l'illustre physicien, je dois vous dire, en quelques mots, comment, de concert avec Arago et M. Mathieu, il perfectionna les lampes. Jusque-là on s'était borné, pour augmenter l'intensité des feux de phares, à juxtaposer un nombre plus ou moins grand de becs d'Argand alimentés par un réservoir à niveau constant et à leur faire envoyer leur lumière, autant que possible, dans une même direction. Les lentilles à échelons, en raison de la précision même de leur prin-cipe, se fussent mal accommodées d'une telle multiplicité des foyers qui ont, d'ailleurs, l'inconvénient de se masquer, en partie, les uns les autres. Fresnel reprit l'idée de Rumford, qui avait essayé, sans succès, de faire des lampes à plusieurs mèches concentriques, mais il comprit que ce qu'il fallait surtout éviter, c'était l'échauffement excessif des becs, et, s'inspirant de l'exemple de Carcel, il noya les mèches dans un afflux abondant d'huile amenée par un moyen mécanique (1).

_______________

(1) Voici ce que dit Fresnel lui-même à ce sujet :

« La vivacité de la lumière étant la qualité essentielle d'un phare, il était nécessaire, pour tirer
« le parti le plus avantageux de l'appareil lenticulaire, que le feu central présentât beaucoup de
« lumière sous un volume peu considérable. Nous sommes parvenus, M. Arago et moi, à résoudre

Voilà les principes qui ont présidé à la construction des appareils qui éclairent nos côtes. Pour les feux du premier ordre la lampe est à quatre mèches, donnant une flamme de 9 centimètres de diamètre sur une hauteur de 10 centimètres. Le diamètre entier de l'appareil optique est de $1^m,84$ ; sa hauteur totale, de $2^m,59$.

L'intensité moyenne de la lumière envoyée vers l'horizon est égale à 630 becs; sa portée, dans l'état ordinaire de l'atmosphère, $20^{milles\ marins},2$ ou 42 kilomètres.

Voici le détail de ce que coûte un phare de premier ordre, à éclipses de minute en minute, tant comme frais de premier établissement que comme frais d'entretien :

---

« ce problème d'une manière satisfaisante, en suivant l'idée de M. Rumford sur les becs à mèches
« multiples, et nous avons même été plus heureux que lui dans nos essais. Nous avons fait
« construire des becs à mèches concentriques, qui portent deux mèches, trois mèches et jusqu'à
« quatre mèches, et qu'on peut gouverner presque aussi aisément qu'un bec ordinaire. Nous avons
« réussi complétement à mettre le bec à l'abri de la grande ardeur de ces foyers, en y faisant
« arriver l'huile en surabondance, comme dans les lampes de Carcel; et ce moyen a si bien réussi
« que, malgré le grand nombre et la durée des expériences auxquelles ces becs ont été soumis,
« nous n'avons pas encore été obligés de les nettoyer. Ces gros becs n'ont pas, comme ceux qu'on
« a faits jusqu'à présent avec une seule mèche circulaire, l'inconvénient de donner une flamme
« rougeâtre et de peu de hauteur. Leur lumière est aussi blanche que brillante, et les flammes
« concentriques, s'échauffant mutuellement, s'allongent avec facilité : il est même nécessaire alors
« de tenir les cheminées un peu hautes pour que l'air, se renouvelant rapidement, puisse suffire à
« la combustion du gaz qui se dégage, et, rafraîchissant le bec, empêcher la distillation trop
« abondante de l'huile.

« On pourrait craindre que la vivacité de la combustion ne charbonnât les mèches concentriques
« (surtout dans le bec qui en porte quatre) plus rapidement que cela n'a lieu dans les becs des
« lampes ordinaires; mais nous nous sommes assurés du contraire par l'expérience, et nous avons
« reconnu, en outre, que, au même degré de carbonisation, les mèches du bec quadruple éprouvent
« moins de diminution dans l'effet qu'elles produisent; ce qui tient sans doute à ce que la grande
« chaleur du foyer facilite l'ascension de l'huile dans les mèches. Nous avons tenu le bec quadruple
« allumé pendant quatorze heures sans le moucher, et la vivacité de la lumière donnée par la
« lentille qu'il illuminait n'avait guère diminué que du sixième de son intensité primitive. Ainsi
« ces becs quadruples peuvent brûler pendant les longues nuits d'hiver sans qu'il soit nécessaire
« de les moucher; il suffit de relever un peu les mèches dans les dernières heures de la com-
« bustion pour conserver aux flammes leur hauteur primitive.

« Le bec quadruple, ayant $0^m,09$ de diamètre, brûle à peu près une livre et demie d'huile par
« heure dans les moments où la combustion a le plus d'activité, et donne de la lumière en pro-
« portion de la quantité d'huile qu'il consume; il équivaut, pour la dépense et la lumière produite,
« à dix-sept lampes de Carcel. » (FRESNEL, *Mémoire sur un nouveau système d'éclairage des phares*,
1822.)

*Premier établissement.*

| | |
|---|---|
| Appareil, y compris l'armature. . . . . . . . . . . . . . . | 37 940 fr. |
| Trois lampes mécaniques. . . . . . . . . . . . . . . . | 2 100 |
| Machine de rotation. . . . . . . . . . . . . . . . . . . | 3 200 |
| Fournitures diverses. . . . . . . . . . . . . . . . . . . | 900 |
| Lanterne, y compris vitrage et paratonnerre. . . . . . . . . | 20 400 |
| Transport et mise en place. . . . . . . . . . . . . . | 3 900 |
| | 68 440 fr. |

*Entretien annuel.*

| | |
|---|---|
| Huile, 3 205 kilog. à 1$^f$,51. . . . . . . . . . . . . . . . | 4 839 fr. |
| Salaire et chauffage de trois gardiens. . . . . . . . . . | 2 525 |
| Mèches, cheminées, etc. . . . . . . . . . . . . . . . . | 219 |
| Entretien du mobilier et de l'appareil, etc. . . . . . . . . | 390 |
| | 7 973 fr. |

On admet 4 000 heures de combustion par an ; si aux frais d'entretien nous ajoutons l'intérêt et l'amortissement du prix des appareils calculé à 10 pour 100 par an, nous trouvons :

| | |
|---|---|
| Intérêt et amortissement. . . . . . . . . . . . . . . . . | 6 844 fr. |
| Frais annuels. . . . . . . . . . . . . . . . . . . . . . | 7 973 |
| Prix des 4 000 heures d'éclairage. . . . . . . . . . . . | 14 817 fr. |

$$\text{ou par heure d'éclairage } \frac{14\,817}{4\,000} = 3^f,70.$$

Quant au prix de revient de l'intensité lumineuse, il faut le prendre en considérant l'intensité de la partie utilisée, c'est-à-dire renvoyée vers l'horizon ; cette intensité utile est, en moyenne, de 630 becs Carcel unité ; donc

$$\text{Prix du bec Carcel unité renvoyé à l'horizon} = \frac{3^f,70}{630} = 0^f,0058 = 0^c,58.$$

**47.** — Tels sont les magnifiques appareils dont Fresnel a doté, non-seulement la France, mais le monde entier ; il n'avait pas eu le temps de perfectionner son œuvre, mais le corps savant des Ponts et Chaussées n'a pas manqué à cette tâche, et nos phares ont servi de modèle à toutes les nations désireuses de marcher dans la voie du progrès. Cependant la nature n'est pas vaincue, trop souvent des brumes persistantes viennent diminuer, dans une proportion considérable, la portée des feux à l'huile les plus puissants ; il n'est pas d'ailleurs nécessaire, pour cela, qu'elles soient bien intenses. Maintenant que la rapidité de la navigation à vapeur permet de traverser l'Océan en quelques jours, les navigateurs s'accommodent mal de la nécessité de passer une longue nuit d'hiver pour pouvoir continuer leur route à la faveur de la clarté du jour. La lumière électrique seule pouvait permettre de faire un pas en avant ; l'administration des Phares, et à sa tête son éminent directeur général, M. Reynaud, l'ont compris sans hésitation, et l'on peut dire que par leurs soins la lumière électrique a brillé sur nos côtes dès le premier jour où les appareils ont offert le degré de sécurité exigé par la nature même du service.

Or, par un heureux concours de circonstances, il s'est trouvé que la lumière électrique à laquelle on ne demandait qu'un surcroît d'intensité, dût-il coûter proportionnellement plus cher, a fourni ce surcroît d'intensité avec une dépense totale moindre ; je vais essayer de vous faire comprendre en peu de mots comment il peut en être ainsi.

Avant tout, il me paraît utile de répondre à une objection qui s'offre naturellement à l'esprit : si la lumière d'un seul appareil à l'huile est insuffisante, vous êtes-vous sans doute dit, il n'y a qu'à placer deux, trois appareils, ou même plus, les uns à côté des autres ; ils apparaîtront comme un foyer unique. Sans doute c'est là une solution, au moins pour les feux fixes ; mais quelle complication impraticable elle entraînerait pour les feux à éclipses, puisque tous les appareils juxtaposés devraient envoyer, au même instant, leur faisceau rigoureusement dans la même direction ; on peut même dire, à part la question de dépense, qu'il n'y aurait pas lieu de voir jamais cette condition suffisamment bien remplie.

D'ailleurs, il faut tenir compte de cette condition que, lorsqu'on atteint les limites de la visibilité, on ne peut plus dire que *deux* lumières d'intensité *une* produisent le même effet sur l'œil qu'*une* lumière d'intensité *double*. Juxtaposer deux lumières, c'est doubler la surface du corps éclairant, doubler, par conséquent, son diamètre apparent ; mais, si la visibilité d'un corps dépend de son diamètre apparent, elle dépend aussi de son éclat, c'est-à-dire de l'intensité de la lumière qu'il émet, et, au delà de certaines limites, l'une de ces deux qualités ne peut suppléer à l'autre.

48. — On peut donc considérer comme évident que c'était seulement en augmentant l'intensité ou l'éclat intrinsèque des foyers que l'on pouvait arriver à reculer les limites de la visibilité des feux destinés à éclairer nos côtes ; or, avons-nous dit, la lumière électrique est la plus intense de toutes celles que nous connaissons. Mais, en outre, dans le foyer voltaïque la surface lumineuse est, comme nous l'avons vu, extrêmement restreinte, et cette circonstance devient la source d'avantages notables dans la construction des appareils. Ce

n'est pas à plaisir qu'on emploie dans les phares à l'huile cette masse énorme
de verre disposée autour du foyer lumineux pour en rassembler les rayons; ces
dimensions considérables sont commandées par celles du foyer lui-même.
En effet, une lentille ne peut paralléliser rigoureusement, dans une direction
donnée, que les rayons émanés d'un seul point.

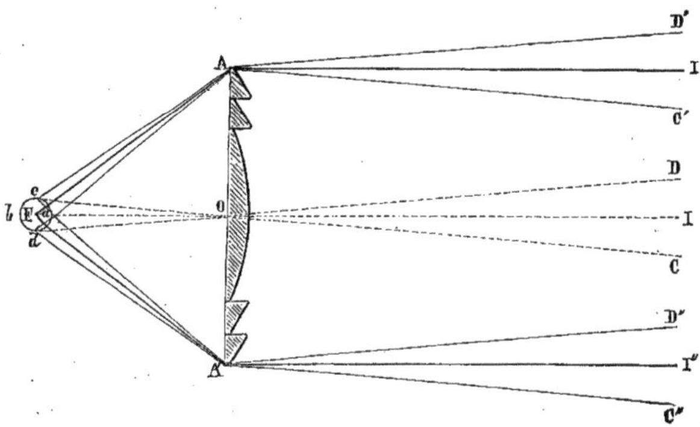

Fig. 31.

Soit F le centre de la flamme dont le cercle $abcd$ représente une section
horizontale ; ce point F étant supposé situé au foyer principal, les rayons qui
en émaneraient seraient renvoyés parallèlement à la droite F O I qui joint le
point F au centre optique O du système lenticulaire. Un point $a$ situé entre F
et O donne lieu à un faisceau de rayons qui divergeront au sortir de la lentille.
Au contraire, un point $b$ situé sur la même droite F O au delà du point F
donne lieu à un faisceau convergent en un point de O I qui sera d'autant moins
éloigné de la lentille que le point $b$ sera plus distant du point F.

Quant aux points situés en dehors de la droite O F, ils donneront de même
lieu à des faisceaux divergents, parallèles ou convergents, suivant que leur distance au centre optique O sera plus petite que O F, égale à O F, ou plus grande
qu'elle. Si nous prenons les deux points $c$ et $d$, tels que $O c = O d = OF$, les
rayons qui en émaneront sortiront de la lentille à peu près parallèlement aux
droites $c$ O et $d$ O. Plus l'angle formé par ces droites sera petit, moins la lumière
sera éparpillée ; or il est évident que cet angle sera d'autant plus petit que la

distance O F sera plus considérable par rapport à la distance $cd$, c'est-à-dire par rapport aux dimensions mêmes de la flamme. Pour ne pas augmenter considérablement les frais de construction , on fait seulement O F neuf à dix fois $cd$ ; cette proportion conserve encore une divergence très-notable aux faisceaux, mais elle ne dépasse pas celle qu'il est utile de laisser, tant dans le sens vertical que dans le sens horizontal. Dans le sens vertical, en effet, il faut conserver une certaine divergence aux rayons, sans quoi on n'éclairerait qu'un point donné de l'horizon ; dans le sens horizontal également ; sans cela, lorsque la lentille, dans son mouvement de révolution, vient à envoyer la lumière dans une direction donnée, l'éclat serait trop instantané et, par cela même, d'une observation difficile.

Dans l'éclairage par la lumière électrique, le diamètre de la partie lumineuse des charbons est certainement inférieur à 1 centimètre ; en faisant égale à 15 centimètres la distance focale de l'appareil lenticulaire, on est donc dans de meilleures conditions que dans les grands appareils, au point de vue du parallélisme des rayons. Voilà comment il se fait que les phares les plus puissants n'exigent plus qu'un appareil lenticulaire de dimensions très-restreintes.

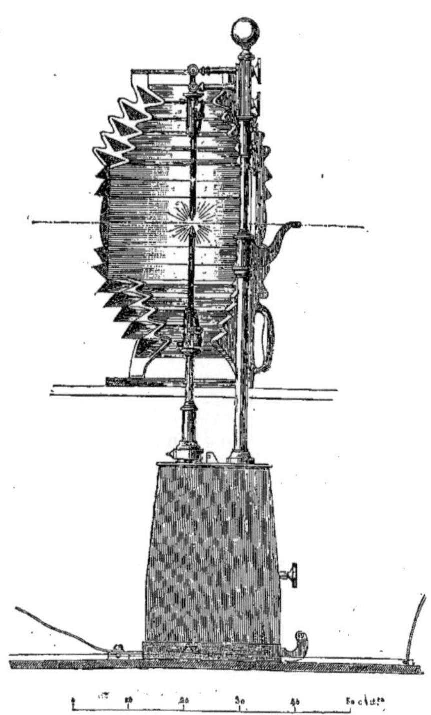

Fig. 32.

La figure 32 représente, à l'échelle de $\frac{1}{10}$, une coupe de l'appareil lenticulaire adopté par l'Administration des phares pour renvoyer à l'horizon la lumière émanée de l'arc voltaïque.

49.— Nous allons, maintenant, donner quelques détails sur l'installation des appareils eux-mêmes et sur les mesures prises pour assurer l'absolue continuité du service.

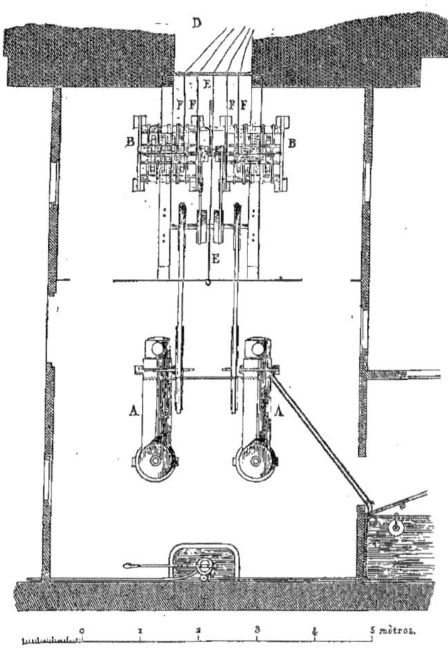

Fig. 33.

Tous les appareils ont été installés en double. Le plan ci-contre (fig. 33) montre leur disposition :

A, A, chaudières et machines à vapeur.

B, B, machines magnéto-électriques.

C, réservoir d'eau et dépôt de charbon au-dessous.

D, tour du phare.

E E, tuyau acoustique aboutissant dans la lanterne.

F, F, fils conducteurs.

Les appareils catadioptriques sont superposés dans une même lanterne repré-

sentée ci-contre (fig. 34) en élévation, et qui a été établie en saillie sur
l'un des angles d'une chambre carrée divisée en deux étages :

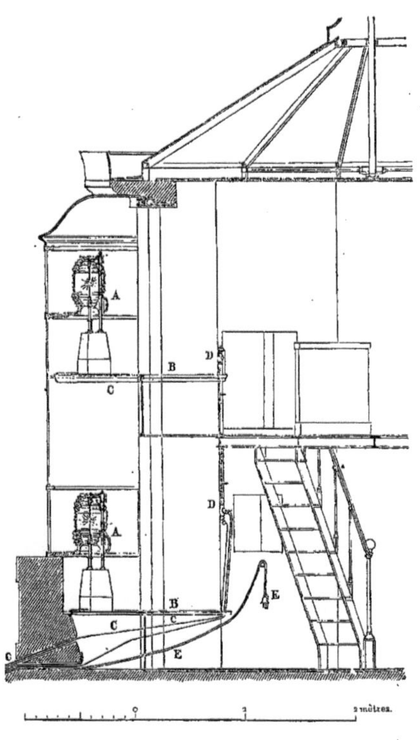



Fig. 34.

A, A, appareils d'éclairage.

B, B, chemins de fer des lampes ou régulateurs, dont il sera parlé ci-après.

C, C, fils conducteurs.

D, D, commutateurs.

E, E, tuyaux acoustiques.

La lanterne proprement dite repose sur un massif en maçonnerie ; elle est
maintenue latéralement par deux montants en fonte scellés par le bas et réunis

à leur sommet par un linteau en même matière et fixés sur les murs qu'ils terminent. Les glaces de la lanterne sont courbes, maintenues haut et bas par des encadrements en bronze ; les joints verticaux sont vifs, parce que des montants verticaux détermineraient des occultations, eu égard au peu de largeur de la flamme. Ce vitrage règne sur une hauteur de $0^m,55$ seulement en avant de chacun des appareils lenticulaires ; le surplus de la lanterne est fermé par des bandes de tôle qui assurent la rigidité du système.

Voici le plan de la chambre et de la lanterne (fig. 35) :

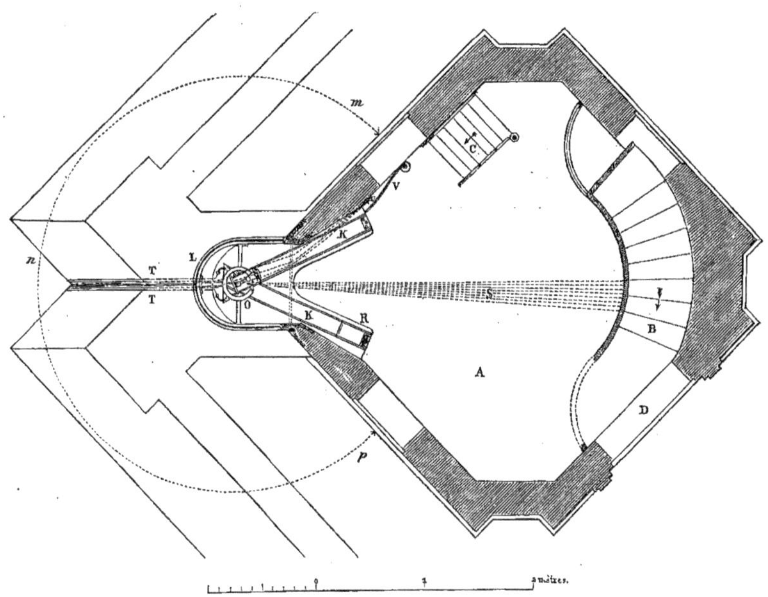

Fig. 35.

A, première chambre.
B, escalier de la tour.
C, marchepied conduisant dans la chambre supérieure.
D, porte de la plate-forme extérieure.
K, K, chemins de fer des régulateurs.
L, lanterne.
O, appareil d'éclairage.

R, régulateur de rechange.

S, rayons lumineux émanés d'une petite lentille dont il sera question ci-après.

T, T, fils conducteurs.

U, commutateur.

V, tuyau acoustique.

L'amplitude et la position de l'horizon maritime sont représentées par l'arc de cercle $m\,n\,p$.

50. — Deux lampes électriques sont affectées à chaque appareil catadioptrique ; elles y entrent en glissant sur de petits rails ménagés à la surface d'une table en fonte ; un arrêt les fixe au foyer de l'appareil, elles s'y allument d'elles-mêmes instantanément, car c'est là une des propriétés de la lampe électrique Serrin, qui est celle adoptée. La communication électrique s'établit naturellement, d'une part au moyen de la table en fonte, de l'autre par l'intermédiaire d'un ressort métallique qui vient presser sur le dessous de la lampe en une partie convenablement disposée. La substitution d'une lampe à une autre n'exige pas plus de deux secondes ; celle que l'on retire s'en allant par un des chemins de fer K, tandis que celle qui doit la remplacer arrive par le second.

On peut, d'ailleurs, faire passer plus instantanément encore la lumière d'une lampe dans une autre pour éviter que les extinctions aient aucune durée appréciable. Dès que le gardien de service prévoit que la lampe en activité devra être retirée pour un motif quelconque, ordinairement par suite de l'usure des charbons, il suffit de mettre la main au bouton de l'un des commutateurs D pour faire passer le courant de l'un des appareils A dans l'autre qui s'allume alors spontanément.

Les charbons employés ont une section carrée de 7 millimètres de côté ; ils ont chacun 27 centimètres de longueur ; sur ces 27 centimètres, 20 seulement sont utilisables ; les bouts qui restent sont couverts, en partie, par les porte-crayons ; on ne peut, d'ailleurs, opérer la combustion trop près de ceux-ci qui s'échaufferaient outre mesure.

La consommation des charbons peut être évaluée à 5 centimètres par pôle et par heure ; les 40 centimètres disponibles correspondent donc à une durée d'éclairage de quatre heures environ.

51. — Nous avons fait remarquer ci-dessus que, grâce à l'emploi des courants non redressés, les charbons éprouvaient, de la part du courant, une usure égale, mais qu'étant placés dans des conditions différentes par rapport à l'air qui les

baigne, ils éprouvaient une combustion légèrement inégale ; le charbon du haut s'use un peu plus vite que celui du bas dans le rapport moyen de $\frac{108}{100}$. Pour que le point lumineux reste sensiblement fixe, on a réglé en conséquence les poulies commandant le mouvement des chaînes qui font avancer les deux charbons l'un vers l'autre. Grâce à cette disposition, le déplacement du point lumineux n'éprouve que de légers déplacements provenant de la résistance irrégulière que le charbon offre à la désagrégation et à la combustion. Si faibles qu'ils soient, ces déplacements doivent être l'objet d'une surveillance attentive; on trouve, en effet, qu'à un déplacement vertical de 5 millimètres dans un sens ou dans l'autre correspondrait un relèvement ou un abaissement de 2 degrés environ du faisceau émané de l'appareil, et aucun rayon ne serait renvoyé à la limite de l'horizon, si l'écart venait à atteindre 8 millimètres. Pour permettre au gardien qui veille constamment sur l'appareil de suivre sans fatigue la marche des charbons, on a mis en pratique, d'une manière permanente, l'artifice que nous employons ici pour rendre visibles toutes les parties de l'arc voltaïque : l'image des charbons se projette agrandie sur le mur de la chambre A. A cet effet, une petite lentille d'un assez court foyer est placée en arrière des charbons ; S montre le faisceau des rayons qui en émanent pour venir former l'image ; celle-ci est amplifiée, ses dimensions sont 22 fois celles de l'objet.

Un trait horizontal est tracé sur le mur, et les images des charbons doivent se trouver toujours à égale distance de ce trait. Pour observer ces images, le gardien tourne le dos à la lampe électrique ; il peut donc, sans fatigue, apprécier la position des charbons, et leur moindre déplacement devient très-sensible, puisque, s'ils se déplacent de 1 millimètre, leurs images éprouvent un déplacement de 22 millimètres.

Si, d'ailleurs, par quelque cause que ce soit, il devient nécessaire de remédier à un déplacement du point lumineux, on peut le faire aussitôt, sans interrompre la lumière, en agissant sur un bouton que porte la lampe.

Cette installation a commencé à fonctionner, à titre provisoire, le 26 décembre 1863 au phare sud du cap de la Hève, près du Havre. C'est après quinze mois d'expériences qu'on a décidé d'appliquer le même système d'éclairage au phare nord de la même localité. Depuis cette époque l'éclairage électrique y a été définitivement établi.

52. — Nous allons maintenant chercher à comparer, au point de vue économique, les deux systèmes d'éclairage à l'huile et à la lumière électrique.

J'emprunte les données nécessaires au bel ouvrage de M. Reynaud (1) ; je combine, d'ailleurs, ces données à ma manière.

*Coût de la lumière électrique dans les phares.*

*Dépense de premier établissement :*

| | |
|---|---|
| Deux machines magnéto-électriques à quatre disques. . . . . . . . . | 16 000 fr. |
| Deux machines à vapeur et accessoires. . . . . . . . . . . . . . . | 6 000 |
| Deux régulateurs et installation. . . . . . . . . . . . . . . . . | 3 000 |
| Appareil lenticulaire, lanterne, etc. . . . . . . . . . . . . . . . | 3 000 |
| | 28 000 fr. |

*Dépense par heure (calculée en comptant 4 000 heures d'éclairage par année) :*

| | |
|---|---|
| Intérêts et amortissement du capital, . . . . . . . . . . . . . . . . . | $0^f,70$ |
| Charbon pour la machine à vapeur, 10 kilog. à 40 fr. les 1 000 kilog. . | 0,40 |
| Salaires de deux chauffeurs, 2 800 fr. par an, par heure. . . . . . . . | 0,70 |
| Salaires de deux gardiens, 2 000 fr. par an, par heure. . . . . . . . . | 0,50 |
| Crayons de carbone, $0^m,16$ par heure, déchets compris, à $2^f,25$ le mètre. | 0,36 |
| Graissage des machines, entretien, etc. . . . . . . . . . . . . . . . . | 0,13 |
| | 2,79 |

L'intensité lumineuse moyenne envoyée vers l'horizon, c'est-à-dire prise en dehors des appareils catadioptriques, est de 3 500 becs, ce qui donne

$$\text{Prix du bec Carcel unité renvoyé à l'horizon} = \frac{2^f,79}{3500} = 0^c,079.$$

Il n'y a plus, maintenant, qu'à comparer le prix de revient de l'unité de lumière dans les deux systèmes d'éclairage.

| | DÉPENSE par heure. | INTENSITÉ renvoyée à l'horizon. | PRIX DE L'UNITÉ de lumière renvoyée à l'horizon. | INTENSITÉ lumineuse du foyer. | PRIX DE L'UNITÉ de lumière prise dans le foyer. |
|---|---|---|---|---|---|
| Phare de premier ordre à l'huile.... | $3^f,70$ | 630[b] | $0^c,58$ | 23[b] | 16[c] |
| Phare à la lumière électrique........ | 2,79 | 3.500 | 0,079 | 125 | 2,2 |
| | | | $\dfrac{0,58}{0,079} = 7,3$ | | $\dfrac{16}{2,2} = 7,2$ |

(1) *Mémoire sur l'éclairage et le balisage des côtes de France*, par M. L. Reynaud, inspecteur général des ponts et chaussées. — Paris, Imprimerie impériale, 1864.

Nous devons à la libéralité de M. le Ministre des travaux publics d'avoir pu reproduire ici les fig. 32, 33, 34 et 35, qui sont empruntées à cette publication officielle.

Il ressort de ce tableau que la dépense journalière d'un phare à la lumière électrique est moindre que celle d'un phare à l'huile de premier ordre dans le rapport de $\frac{2}{7}$, tandis que les quantités de lumière, soit fournies par le foyer, soit renvoyées à l'horizon, sont sensiblement dans le rapport de $\frac{5}{4}$.

Le prix de l'unité de lumière coûte donc, en moyenne, sept fois moins avec la lumière électrique qu'avec celle de l'huile. Le rapport des quantités de lumière fournies par le foyer ou utilisées pour être renvoyées à l'horizon est sensiblement le même, ce qui indique que les deux sortes d'appareils lenticulaires appropriés à l'éclairage à l'huile ou à la lumière électrique, quoique bien différents par leurs dimensions, ont, à peu de chose près, le même coefficient économique.

53. — Le service des phares exige, par sa nature, que tout soit sacrifié à la sécurité; l'interruption de l'éclairage, même pendant quelques instants, n'y doit être qu'un événement de force majeure. De là la nécessité d'avoir en double tous les appareils nécessaires à la production de la lumière, tels que régulateurs, machines magnéto-électriques et moteurs à vapeur; le nombre d'hommes affectés au service est aussi double de celui strictement nécessaire. Dans l'industrie, au contraire, on ne conserverait que le strict nécessaire, et le prix de revient pourrait être réduit à moitié, peut-être même au tiers. Là où il existe des machines à vapeur de quelque puissance employées à d'autres services, la lumière coûterait à peine plus que l'amortissement du prix de la machine magnéto-électrique et du régulateur. Mais on ne doit pas oublier que, pour que la lumière électrique reste économique, il faut en avoir l'emploi pendant un grand nombre d'heures chaque jour, 10 heures par exemple.

Voici quelle serait la dépense, dans différents cas, pour la même quantité de lumière, en moyenne 125 becs Carcel unité :

*Cas le plus défavorable*

(la machine à vapeur qui met en mouvement les machines magnéto-électriques est spéciale et a un chauffeur spécial )

| Pour un service de 10 heures par jour. | | Pour un service de 5 heures par jour. | |
|---|---|---|---|
| Amortissement à 10 p. 100 des 12000 fr. de frais de premier établissement, par jour. | 3f,35 | Amortissement à 10 p. 100 des 12000 fr. de frais de premier établissement, par jour. . | 3f,35 |
| Charbon, 100 kil. à 40 fr. les 1 000 kil. | 4,00 | Charbon, 50 kil. à 40 fr. les 1 000 kil. | 2,00 |
| Salaire d'un chauffeur. | 5,00 | Chauffeur. | 5,00 |
| Crayons de carbone. | 3,60 | Crayons de carbone. | 1,80 |
| Graissage, etc. | 1,30 | Graissage, etc. | 0,70 |
| Dépense par jour. | 17,25 | Dépense par jour. | 12,85 |

*Cas le plus favorable*

( où la force motrice serait empruntée à une machine puissante, fonctionnant pour d'autres besoins )

| Pour un service de 10 heures par jour. | | Pour un service de 5 heures par jour. | |
|---|---|---|---|
| Amortissement de 9 000 fr. . . . . . . | 2ᶠ,50 | Amortissement de 9 000 fr. . . . . . . . | 2ᶠ,50 |
| Charbon, 40 kil. à 40 fr. les 1 000 kil. | 1,60 | Charbon, 20 kil. à 40 fr. les 1 000 kil. | 0,80 |
| Crayons de carbone. . . . . . . . . . . | 3,60 | Crayons de carbone. . . . . . . . . . . | 1,80 |
| Graissage, etc. . . . . . . . . . . . . | 0,70 | Graissage, etc. . . . . . . . . . . . . | 0,40 |
| Dépense par jour. . . . . | 8,40 | Dépense par jour. . . . . | 5,50 |

54. — Les résultats dont je viens de vous entretenir sont relatifs à des machines magnéto-électriques à quatre disques de bobines.

Quand le service a été définitivement installé aux phares du cap la Hève, on a remplacé celles-ci par des machines à six disques.

Dans l'état ordinaire de l'atmosphère, les machines à quatre disques donnaient une portée de 20 milles marins ou 38 kilomètres ; les machines à six disques donnent une portée de 27 milles marins ou 50 kilomètres.

Ces chiffres sont empruntés aux documents officiels. Je ferai remarquer que la même portée de 20 milles marins est attribuée aux phares à l'huile de premier ordre à feu fixe, et la portée de 27 milles aux éclats de ces mêmes phares lorsqu'ils sont à éclipses.

Ici se présentent plusieurs questions dignes du plus grand intérêt. Qu'entend-on par *état ordinaire* de l'atmosphère ? Les chiffres ci-dessus sont-ils le résultat d'expériences directes faites sur la lumière électrique ? Comment se fait-il qu'on attribue la même portée aux phares électriques et aux phares à l'huile, tandis que l'intensité des premiers (avec les machines à quatre disques) est à celle des seconds dans le rapport de $\frac{125}{23}$ ?

Pour pouvoir répondre à toutes ces questions particulières, il nous faut examiner celle plus générale de la transmission de la lumière dans notre atmosphère.

55. — L'éclairement d'une surface est mesuré par la quantité de lumière qu'elle reçoit. L'intensité d'une source lumineuse étant donnée, émettant des rayons dans toutes les directions, son effet d'éclairement, sur une même surface, dépend de la distance de cette surface à la source, et, en second lieu, de la nature du milieu interposé, ce milieu pouvant *absorber* une plus ou moins grande quantité de lumière.

Quand on suppose que le milieu ambiant n'absorbe rien, autrement dit est parfaitement transparent, la loi de la diminution de l'effet d'éclairement est très-simple : *l'éclairement est en raison inverse du carré de la distance de la source à la surface éclairée.* Cette loi dépend simplement de ce que les rayons vont en divergeant; si l'on considère tous ceux qui sont compris dans un faisceau conique d'une petite ouverture ayant son sommet en un point de la source, les sections faites dans ce faisceau, à des distances différentes, ont des surfaces qui sont entre elles comme les carrés de leurs distances au sommet, et, comme elles reçoivent toutes la même quantité de cet agent qu'on appelle lumière, il en résulte que la quantité qui en tombe sur l'unité de surface est inversement proportionnelle à la grandeur de la section sur laquelle on considère cette unité de surface.

Il peut sembler singulier que l'on applique cette loi à la lumière émanée des phares, dont les appareils ont pour but de *paralléliser* les rayons. Mais, c'est qu'en réalité ce parallélisme n'est pas atteint, d'une part, à cause de l'imperfection des appareils ; de l'autre, parce qu'il serait plus nuisible qu'utile en restreignant considérablement le nombre des points de l'espace qui pourraient être rencontrés par le faisceau lumineux ; car, s'il importe d'envoyer la lumière aussi loin que possible, il importe aussi que le phare soit visible à toutes les distances intermédiaires. On doit donc considérer les faisceaux lumineux émis par un phare comme divergeant en réalité d'une foule de points plus ou moins différents du phare lui-même, mais leur ensemble peut être regardé, en moyenne, comme un faisceau d'une grande intensité ayant son point de divergence au phare lui-même ; on est donc autorisé à appliquer à ce faisceau la loi de la raison inverse du carré de la distance.

56. — D'un autre côté, le milieu absorbe une quantité de lumière qui, pour une même épaisseur élémentaire, est toujours la même fraction de la quantité qui pénètre dans cette épaisseur ; cette donnée, qui est hypothétique, mais dont l'expérience confirme les déductions, suffit pour établir la loi du décroissement avec la distance parcourue au sein du milieu absorbant (1). On trouve ainsi que l'action absorbante d'un milieu dépend d'un seul coefficient extrêmement variable avec l'état de l'atmosphère.

---

(1) Si on représente par I l'éclairement sur l'unité de surface à la distance $x$, et $I_0$ l'éclairement à l'origine, l'expression de cette loi est $I = I_0\, a^x$ pour un faisceau qui serait rigoureusement parallèle ; et $I = I_0\, \dfrac{a^x}{x^2}$ pour un faisceau de lumière divergeant de la source ; en supposant, bien entendu, que le faisceau se propage tout le temps dans le milieu absorbant.

Cela posé, la *portée* d'une lumière est une distance telle qu'un observateur y distingue encore cette lumière, et qu'un peu plus loin il cesse de l'apercevoir. La portée doit donc dépendre, toutes choses égales d'ailleurs, de l'œil de l'observateur, et aussi de son état actuel de sensibilité qui dépend surtout du voisinage ou de l'absence d'autres lumières. Diverses expériences faites dans des circonstances variées ont montré qu'en attribuant à la limite de visibilité que nous appellerons $\lambda$ la valeur 0,01, c'est-à-dire en déclarant qu'on considère comme cessant d'être visible toute source qui produirait un éclairement plus petit que la $\frac{1}{100}$ partie de celui qu'un bec Carcel unité donne à l'unité de distance, on est encore très-notablement au-dessus de la véritable limite dans la plupart des cas et pour le plus grand nombre des observateurs.

Il faut, d'ailleurs, bien faire attention au choix de cette unité de distance qui est ici le kilomètre, et, quand on parle de l'éclairement du bec unité à cette distance, on suppose cet éclairement calculé d'après la loi de l'inverse du carré de la distance, en supposant l'atmosphère parfaitement transparente. Si on voulait prendre pour unité d'éclairement celui du bec unité à la distance de 1 mètre, il faudrait diviser $\lambda$ par $\left(\dfrac{1^{\text{kilom.}}}{1^{\text{m}}}\right)^2 = 1000^2$, et on aurait $\lambda' = 0,000\,000\,001$.

Comme le bec Carcel unité des Phares vaut environ huit bougies, cette intensité limite serait 0,000000008 de celle d'une bougie. Cette limite de la visibilité rapportée à la bougie unité est à peu près celle trouvée par d'autres observateurs (1).

Quant à la transparence de l'atmosphère dans différentes circonstances, on peut s'en rendre compte en cherchant quelle est la portée du bec unité. Nous désignerons, pour abréger, cette portée par $p$.

Les courbes ci-contre (fig. 36) montrent comment varient avec l'état de l'atmosphère les portées de feux de diverses intensités. Les ordonnées représentent les portées, et les abscisses les intensités exprimées en becs Carcel unité.

Il faut remarquer, surtout, les courbes définies par

$$p = 8^{\text{k}},5$$
$$p = 7$$
$$p = 5.$$

D'après l'ensemble des observations, la transparence moyenne sur notre litto-

---

(1) Voyez Edm. Becquerel, *La lumière*, page 297.

ral de l'Océan est plus grande notablement que $p = 8^k,5$ pendant un mois, pendant six mois que $p = 7$, et pendant onze mois que $p = 5$.

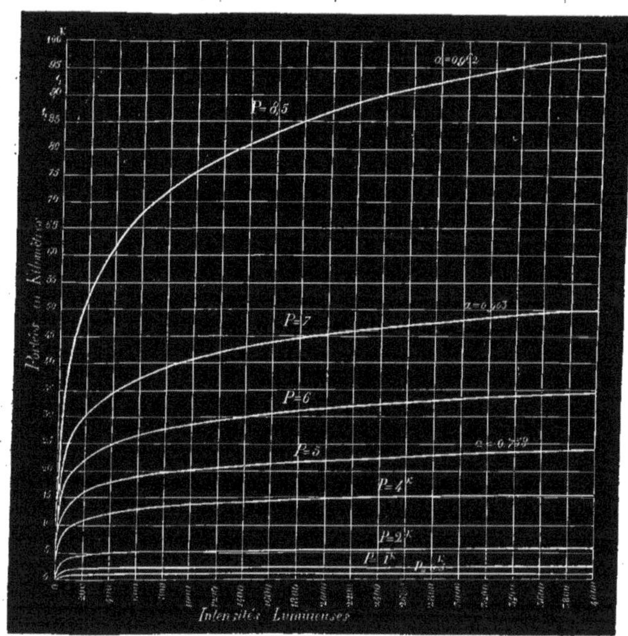


Fig. 36.

L'état de l'atmosphère défini par $p = 7^k$ est celui qu'on prend comme terme moyen pour définir les portées des feux ; c'est à lui que se rapportent les chiffres donnés ci-dessus.

L'état $p = 4^k$ n'est pas rare, et il est remarquable, dans ce cas, combien peu rapidement les portées croissent avec l'intensité.

57. — Les considérations qui précèdent expliquent pourquoi on a soin de diriger toujours le faisceau le plus intense à la limite de l'horizon, ce qui n'empêche pas que la quantité de lumière perçue par le navigateur n'aille en augmentant à mesure qu'il se rapproche du phare, pour diminuer ensuite et s'anéantir bientôt lorsqu'il n'en est plus qu'à quelques centaines de mètres.

Elles rendent aussi compte de ce fait, qui semble au premier abord paradoxal, que les portées ne croissent pas proportionnellement aux intensités, puisque nous voyons des intensités lumineuses qui diffèrent entre elles comme les nombres 630 et 4000 avoir des portées aussi peu différentes que les nombres 20 et 27 (1).

On peut remarquer que ces chiffres, attribués aux portées des feux électriques provenant de machines à quatre ou à six disques, sont précisément ceux de feux à l'huile dont la puissance, mesurée au photomètre, est beaucoup moindre : c'est qu'il ne faut considérer ces chiffres que comme un minimum. D'une part, on n'a pas fait d'expériences directes sur la lumière électrique et sur son absorption par l'atmosphère ; d'autre part, un certain nombre de personnes ne se rendant peut-être pas un compte aussi exact que nous venons de le faire de la manière dont croissent les portées avec l'intensité ont-elles été déçues dans leur attente, et de là à dire que la lumière électrique traverse moins facilement l'atmosphère que la lumière de l'huile, il n'y avait qu'un pas. Dans la réalité, voici ce qu'on peut dire : étant donnés deux feux, l'un électrique, l'autre à l'huile, d'*intensités jugées égales* d'après les mesures photométriques ordinaires, la lumière provenant de la combustion de l'huile s'affaiblira moins rapidement par absorption que la lumière électrique ; mais la différence d'intensité entre le feu électrique et la lampe à l'huile la plus puissante qui puisse être employée est telle, que cette inégalité dans l'absorption est compensée et beaucoup au delà.

58. — Maintenant, comment se fait-il qu'à intensité égale la lumière de l'huile perce plus facilement la brume que la lumière électrique ? Cela tient à la différence de leur composition, et à l'inégale absorption des rayons de diverses couleurs. Les couleurs empourprées de l'horizon, au lever et au coucher du soleil, nous apprennent que les rayons rouges, de tous ceux qui composent la lumière blanche, traversent le plus facilement la vapeur d'eau contenue dans l'atmosphère sous ses différents états. Qui n'a vu, par les temps de brouillard, le soleil apparaître comme un boulet rougi au feu, d'un rouge d'autant plus assombri que le brouillard est plus épais ? Quand on se place à l'une des extrémités d'une très-longue avenue éclairée par des becs de gaz, pour peu qu'il y ait de brume, ceux qui sont les plus éloignés de l'observateur paraissent rougeâtres. Les rayons rouges sont donc bien ceux que la brume laisse passer le plus facilement. Plus une lumière contiendra de rayons rouges, plus sa portée sera grande. Or la lumière de l'huile provenant d'une source à une température plus basse que celle de l'arc

______

(1) Ce sont des nombres de milles marins.

voltaïque est moins riche que la lumière électrique en rayons bleus, violets et ultra-violets, autrement dit elle contient proportionnellement plus de rayons avoisinant le rouge ; voilà pourquoi des objets éclairés par la lumière électrique paraissent bleuâtres à côté de ceux éclairés par la lumière de l'huile ou du gaz, lumières auxquelles, en l'absence de tout autre terme de comparaison, nous attribuons la couleur blanche ; voilà encore pourquoi la flamme d'une lampe à l'huile paraît rouge quand on a porté un instant les yeux sur le foyer voltaïque.

Il n'y a d'ailleurs pas lieu de penser que l'intensité des rayons rouges cesse peut-être d'augmenter avec la température au delà d'une certaine limite ; je trouve, en effet, dans un traité de M. E. Becquerel (1), quelques nombres d'où l'on peut déduire que l'intensité des rayons rouges émis par la partie la plus lumineuse des charbons est environ 100 000 fois plus forte que celle des rayons de même nature émis par la flamme d'une lampe à l'huile brûlant à blanc.

Cela posé, rappelons-nous que, pour évaluer la quantité de lumière que peut verser un foyer, il faut multiplier sa surface utile par son intensité : or, dans une flamme de phare de premier ordre, on peut approximativement évaluer la surface utile à la moitié du développement de la flamme, c'est-à-dire à la moitié de la circonférence par la hauteur de la flamme, ou environ 15 centimètres par 10 centimètres = 150 centimètres carrés ou 15 000 millimètres carrés.

En supposant donc que la partie la plus lumineuse des charbons présente une surface utile de 1 millimètre carré, on trouverait que, d'après le rapport des intensités, la quantité de lumière donnée par le foyer électrique serait $\frac{100\,000}{15000} = \frac{100}{15} = 6,6$ celle que fournit un feu à l'huile de premier ordre.

Il est assez remarquable que, par ce mode indirect de comparaison portant spécialement sur les rayons rouges, nous arrivions à un chiffre bien peu différent de celui donné par les évaluations photométriques de l'administration des phares, qui est $\frac{125}{23} = 5,5$.

Nous conclurons de cette discussion que, si réellement la lumière électrique est plus pauvre proportionnellement en rayons rouges que la lumière de l'huile, on ne peut douter que le foyer voltaïque n'en soit absolument plus riche que le foyer à l'huile le plus puissant qui ait été jusqu'ici réalisé. On n'a jamais contesté, que je sache, que le feu électrique des phares de la Hève ne portât aussi loin que les feux à l'huile ; si quelques personnes

---

(1) *La lumière,* tome I<sup>er</sup>, page 127.

ont nié aux premiers une portée supérieure, cette opinion n'a pas encore été appuyée d'expériences certaines scientifiquement discutables. La seule expérience décisive consisterait à se placer à égale distance de deux phares, l'un à l'huile, l'autre à la lumière électrique, et de constater que l'un cesse d'être visible avant l'autre ; encore faudrait-il que ces deux feux fussent situés sur deux lignes peu divergentes, afin que les couches d'atmosphère traversées par la lumière pussent être regardées comme les mêmes ; on sait, en effet, combien est souvent inégale la distribution des brumes. En dehors de cette condition toute spéciale de comparaison, on ne pourrait décider la question que par un très-grand nombre d'observations combinées avec une évaluation exacte des distances.

59. — Nous pouvons donc affirmer, Messieurs, que l'administration française a rendu à la navigation un véritable bienfait en faisant usage de la lumière électrique dès le jour où elle a été possible. Il doit m'être permis de dire que ce résultat est dû à l'initiative éclairée et persévérante de M. l'inspecteur général Reynaud, directeur général, habilement secondé par l'ingénieur en chef M. Allard ; n'oublions pas qu'il faut toujours une certaine force d'âme pour rompre avec les habitudes prises. Les physiciens si nombreux, dont les travaux ont contribué au perfectionnement des machines magnéto-électriques, ont droit à nos remercîments ; mais le résultat pratique serait peut-être encore à obtenir sans l'intelligent et infatigable dévouement de M. Joseph Van Malderen, et aussi sans l'ardeur de M. Serrin. Ne leur épargnons pas nos félicitations, c'est peut-être la meilleure récompense qu'il leur sera donné d'obtenir : il y a généralement peu de profit à innover dans ces matières difficiles, et la gloire vient si tard !

Quant à celui qui vous parle, il a sans doute à s'excuser de vous avoir fatigués par quelques détails trop abstraits, de s'être laissé aller à des préoccupations trop scientifiques ; loin de lui l'idée, cependant, de méconnaître la part du milieu où nous vivons au succès des grandes inventions qui feront la gloire de notre siècle. Si la science éclaire le chemin, c'est l'industrie qui le fraye, et dans l'industrie tous les progrès sont solidaires ; à un moment donné, les ressources les plus diverses créées çà et là viennent conspirer au résultat ; ce qui, tout à l'heure, était le superflu devient le nécessaire. N'est-ce pas le désir de se sentir plus mollement entraîné dans une voiture qui a développé l'industrie des ressorts, sans laquelle ces aimants reviendraient à un prix double et triple, peut-être, de ce qu'ils coûtent. Si une industrie n'avait pas existé dans laquelle on se propose de revêtir de soie ou de métaux précieux des fils d'une matière plus commune, et cela dans un besoin de luxe que le savant, plus que tout autre, condamne volontiers à certains moments, sans la passementerie en un mot, nos fils électriques isolés n'existeraient qu'à l'état d'essai, péniblement recouverts par les mains du physicien ; dans ces conditions, ces bobines seraient-elles économiquement possibles? Je ne rappellerai pas tout ce qu'on a tiré de cette matière noire et infecte qu'on appelle le goudron de houille ; après avoir été, nombre d'années, un objet de répulsion, donnant aux usines à gaz un relief d'insalubrité, elle est devenue une matière précieuse par la quantité innombrable de produits utiles que la chimie a su en tirer, elle est devenue aussi un des éléments de l'hygiène publique ; mais n'eût-elle fait que donner naissance aux charbons entre lesquels brille, en ce moment, l'arc voltaïque, qu'elle n'en aurait pas moins les plus grands droits à notre reconnaissance.

Qu'il me soit donc permis, Messieurs, de le dire en terminant : rien du travail, rien de la pensée, ni la spéculation la plus abstraite de l'homme de science, ni l'observation la plus insignifiante de l'artisan, ni le perfectionnement le plus mince apporté à une industrie quelconque, ni le produit nouveau le plus modeste, ne sont négligeables ; tout ce qui est vrai a droit à notre attention, je dirai même à notre respect ; c'est une conquête faite sur la nature, c'est un fragment de la grande et immense vérité.

---

LÉGENDE DE LA PLANCHE 370 REPRÉSENTANT UNE DES MACHINES MAGNÉTO-ÉLECTRIQUES DE LA COMPAGNIE L'*Alliance*.

Fig. **1**. Vue de bout de la machine.

Fig. **2**. Vue de face partielle.

Fig. **3**. Section verticale partielle passant par l'axe.

Fig. **4**. Section transversale perpendiculaire à l'axe.

A, A, bâtis en fonte parallèles supportant l'axe de rotation, ainsi que tous les organes de la machine.

B, entretoises en fer boulonnées, au nombre de quatre, réunissant les bâtis A.

C, traverses en bois, de diverses formes, destinées à supporter les aimants.

D, coins en bois servant à caler les aimants dans des entailles pratiquées dans les traverses C.

Les aimants et les bobines étant facilement reconnaissables à leur forme, on n'a pas cru devoir les désigner par des lettres.

E, plateau de bois calé sur chacune des roues de bronze qui portent les bobines; c'est sur ce plateau que viennent s'attacher les extrémités des fils des bobines.

F, arbre moteur entraînant dans sa rotation les roues qui portent les bobines.

On voit, sur la figure 3, une coupe indiquant la disposition de l'un des coussinets dans lequel tourne l'arbre F. Ce coussinet est isolé du bâti par une plaque G en matière isolante.

De ce côté seulement l'extrémité de l'arbre est évidée de manière à recevoir un fourreau de matière isolante H, lequel est recouvert d'une douille métallique qui frotte dans le coussinet. De cette façon l'arbre est isolé du coussinet, de même que le coussinet est isolé du bâti.

I est le point où aboutit l'une des extrémités du fil qui recueille les courants d'induction.

Il résulte de ces dispositions que le courant, passant par le coussinet, sort en J, et vient, par l'intermédiaire d'une tige métallique, jusqu'au support K; celui-ci, étant attaché sur le bout d'une des traverses de bois C, se trouve isolé du restant de l'appareil.

L'arbre F n'offre rien de particulier à son autre bout; il est en contact direct avec son coussinet, et celui-ci avec le bâti.

L'autre extrémité du fil collecteur communiquant avec l'arbre, on peut donc fermer le circuit entre le support K et un point quelconque du bâti.　　　　(M.)

---

LÉGENDE DESCRIPTIVE DE LA PLANCHE **371** REPRÉSENTANT LE RÉGULATEUR AUTOMATIQUE PERFECTIONNÉ DE LUMIÈRE ÉLECTRIQUE DE M. SERRIN, TEL QU'IL FONCTIONNE AUX PHARES DE LA HÈVE.

Fig. 1. Élévation de l'appareil privé de son porte-charbon supérieur.
Fig. 2. Vue du porte-charbon supérieur.
Fig. 3. Section verticale suivant la ligne XY de la figure 1.

I, II, III, IV, lignes ponctuées représentant la cage en cuivre dans laquelle est renfermé tout le mécanisme de l'appareil.

A B C, porte-charbon supérieur, dont la tige verticale A B, munie, à partir de sa base, d'une crémaillère qui s'élève jusqu'à une certaine hauteur, sollicite sans cesse, par son poids, les deux charbons à se rapprocher.

C D (fig. 2), charbon supérieur fixé au porte-charbon par une vis de pression. Quand on se sert du courant de la pile, c'est le charbon positif.

Pour centrer convenablement le charbon supérieur on agit sur les deux boutons C' et D'. En tournant le bouton C', qui porte une tige taraudée dans la colonne horizontale C″, on fait avancer ou reculer celle-ci, et comme en **1** et **2** sont deux genoux articulés, on peut ainsi faire mouvoir le charbon C D dans le plan formé par le système du porte-charbon.

Le bouton D′ fournit un mouvement perpendiculaire à ce plan ; à cet effet, ce bouton entraîne une tige excentrique D″, mobile dans une rainure, et qui fait basculer la partie supérieure du porte-charbon autour de l'axe de la colonne **3**.

E, tube fixe (fig. 1), servant de guide au porte-charbon supérieur et dans lequel celui-ci se meut.

F, roue dentée engrenant avec la crémaillère de la tige A B, et servant, par l'intermédiaire du rouage, à transmettre au charbon inférieur le mouvement du charbon supérieur pour opérer leur rapprochement.

G, poulie calée sur l'axe de la roue F, et commandant le mouvement du charbon inférieur au moyen de la petite chaîne Galle H.

La roue F et la poulie G sont construites de manière que leurs rayons soient dans un rapport égal au rapport des chemins parcourus par les deux charbons, lesquels, ne s'usant pas de la même quantité, doivent marcher d'une manière inégale, si l'on veut que le foyer lumineux reste toujours sensiblement à la même hauteur.

H, chaîne Galle attachée, d'une part, à la poulie G et, d'autre part, au porte-charbon inférieur par l'intermédiaire d'une espèce de console I.

J, petite poulie de renvoi placée dans le plan vertical de la précédente, et sur laquelle passe la chaîne H avant de se rendre au porte-charbon inférieur. Cette poulie, étant fixée à une pièce mobile, peut osciller avec elle de quelques millimètres : une petite vis placée en avant de son diamètre horizontal a pour but d'empêcher la chaîne de sortir de la gorge.

K, porte-charbon inférieur, composé d'une tige mobile supportée à sa base par la chaîne H.

L, charbon négatif fixé à cette tige par une vis de pression.

M, tube dans lequel se meut le porte-charbon K ; il est muni, à partir de son extrémité inférieure, d'une fente longitudinale nécessaire au passage de la queue de la console I qui conduit le porte-charbon.

N, électro-aimant incliné, dont les pôles O, O′ ont leurs faces terminales perpendiculaires au plan de la roue F.

P Q, pièce de fer doux cylindrique attachée au dernier côté U T du système oscillant, qu'elle met en jeu par le mouvement d'attraction qu'elle subit de la part de l'électro-aimant pendant le passage du courant.

R S T U représente le parallélogramme articulé ou système oscillant qui règle le mouvement des charbons ; il se compose :

1° D'une plaque verticale S T, portant la poulie J, au moyen d'un petit bras, ainsi que le tube M ;

2° D'un levier R S, soutenant, d'une part, la tête de la plaque S T, au moyen d'une petite fourche, et, d'autre part, embrassant par une bifurcation circulaire le soubassement du tube E;

3° D'un cadre horizontal, formé de deux leviers parallèles T, U, réunis par deux pièces transversales.

Le parallélogramme est articulé sur pointes à tous ses angles, et les extrémités S et T produisent avec une grande sensibilité le déplacement vertical de la plaque, en décrivant de petits arcs de cercle autour des extrémités opposées des leviers auxquels ils correspondent.

Tout ce système étant solidaire de la pièce de fer doux P Q, on voit que, dès que le courant passera dans la bobine de l'électro-aimant, l'armature Q sera attirée et en même temps entraînera, vers le bas, la plaque ST, le tube M, la poulie J, et, par conséquent, le porte-charbon inférieur; suivant que cette attraction sera plus ou moins grande, tout ce système pourra descendre et remonter alternativement.

V (fig. 3) est une vis faisant fonction de buttoir pour régler l'amplitude des oscillations du parallélogramme.

W, premier ressort antagoniste fixé, d'une part, à l'une des platines du rouage et, d'autre part, à la base du parallélogramme articulé.

Z, deuxième ressort antagoniste (fig. 3), disposé symétriquement de l'autre côté de l'armature, et venant s'accrocher, par sa partie supérieure, à l'extrémité d'un levier mobile $a$ dont l'inclinaison variable permet d'en régler à volonté la tension.

$a$, levier mobile servant à régler la tension du ressort Z; fixé au support du tube E en un point autour duquel il peut tourner, il se termine, par le haut, en une espèce de queue sur laquelle on agit par pression au moyen de la vis $b$.

$b$, vis ou bouton de réglage traversant la cage de l'appareil et permettant d'agir sur la queue du levier $a$, selon la puissance du courant électrique dont on dispose, pour diminuer ou augmenter l'intensité de l'arc voltaïque.

On a vu, au début, que c'était le poids de la tige A B qui produisait le rapprochement des charbons, c'est-à-dire la descente du charbon supérieur, et, par l'intermédiaire de la roue F, des poulies G, J, et de la chaîne H, l'ascension du charbon inférieur; il est donc essentiel de remarquer que le porte-charbon inférieur peut être actionné de deux manières différentes : ainsi, pour s'élever en même temps que le charbon supérieur s'abaisse, il obéit à l'action de la chaîne H et se meut indépendamment du tube M qui reste fixe, tandis que, pour descendre, il est entraîné avec ce tube par suite de l'abaissement de la poulie J résultant de l'attraction que subit la pièce de fer doux PQ.

$c$, moulinet d'encliquetage mis en mouvement par la roue F au moyen de roues et de pignons intermédiaires, et destiné à subir l'action d'une touche d'arrêt $d$ pour enrayer, au moment voulu, la marche des charbons l'un vers l'autre.

$d$, touche d'arrêt agissant sur le moulinet $c$ quand la plaque ST, à laquelle elle est fixée, s'abaisse avec l'armature sous l'action du courant électrique.

*e, f, g, h, i,* roues intermédiaires et pignons transmettant au moulinet *c* le mouvement de la roue F.

*j,* double ailette disposée sur l'axe commun du moulinet et du pignon *i* et servant de modérateur de vitesse.

La roue *e,* qui sert de premier intermédiaire entre l'engrenage F et le moulinet *c,* est montée folle sur l'axe du pignon *g;* mais, au moyen de la roue à rochet *k* qui est calée sur ce même axe et d'un cliquet à ressort porté par la roue *e,* les deux parties du rouage sont rendues solidaires. Grâce à cette disposition, on peut relever rapidement le porte-charbon supérieur avec la main, car, en lui imprimant un mouvement brusque, les deux parties du rouage se débrayent pour s'embrayer de nouveau aussitôt qu'on abandonne le porte-charbon à lui-même.

*l,* lame métallique fixée, d'un côté, au support du tube E et, de l'autre, au tube M; la forme ondulée qu'elle affecte est motivée par la flexibilité qu'elle doit avoir pour suivre les mouvements du système oscillant, dans lequel elle amène le courant électrique.

*m,* chaîne attachée, d'une part, au moyen d'une équerre, au support du tube E et, de l'autre, à la console I du porte-charbon inférieur; elle joue le rôle de contre-poids et est destinée, en s'élevant, à compenser, dans le système oscillant, la perte de poids que subit le charbon inférieur en s'usant. A l'aide de cet artifice, l'appareil n'a pas besoin d'être réglé pendant qu'il fonctionne, et peut ainsi conserver toute sa sensibilité.

*n,* bouton isolé correspondant au pôle zinc ou négatif de la pile.

*o,* bouton non isolé correspondant au pôle cuivre ou positif.

Ces deux boutons, qui sont fixés en face l'un de l'autre et de chaque côté du support du tube E, n'ont pu être indiqués qu'en traits ponctués sur la figure **3,** en raison de la position de la coupe que cette figure représente (1).

*p* est une patte vissée au bas du porte-charbon supérieur et qui, embrassant l'une des platines du rouage, sert de guide au porte-charbon pendant sa marche.

*q,* chapiteau enfilé librement sur le tube M; il sert à rejeter sur la cage de l'appareil les cendres provenant de la combustion des charbons et à prévenir ainsi leur introduction au milieu du rouage.

Toutes les pièces de cet appareil sont en métal, et voici quelles sont les parties qu'on a isolées par des plaques d'ivoire interposées : l'attache de lame ondulée *l* avec le support du tube E, les attaches du tube M avec la plaque S T du parallélogramme oscillant, l'attache de la chaîne H avec la console I, enfin les attaches de chaque extrémité de la chaîne contre-poids *m.*

---

(1) Lorsqu'on ne se sert pas de pile et qu'on emploie la machine magnéto-électrique, les fils peuvent se mettre indistinctement à l'un ou l'autre bouton. Aux phares de la Hève, où les régulateurs sont de très-grande dimension, les boutons n'existent pas, et le contact se fait par l'intermédiaire des rails sur lesquels circulent les appareils.

*Fonctionnement de l'appareil.* — Le fil de la bobine N étant attaché, d'une part, au bouton négatif *n* et, d'autre part, à l'extrémité de la lame *l*, voyons comment fonctionne l'appareil.

1° Supposons que le courant électrique ne circule pas; dans ce cas, l'électro-aimant étant inactif, tout le système oscillant reste soulevé par l'action des ressorts W et Z à une hauteur déterminée par la position de la vis supérieure qui agit sur le buttoir V; alors la touche d'arrêt *d* étant hors de l'atteinte du moulinet d'encliquetage, le poids du porte-charbon supérieur a toute son action, les rouages fonctionnent et les charbons se mettent en contact.

2° Supposons maintenant l'introduction du courant; entrant par le bouton *o,* il suit le tube E et arrive au charbon supérieur; et de là, puisqu'il y a contact entre les charbons, il passe dans le charbon inférieur, descend par le tube M et, par l'intermédiaire de la lame ondulée *l,* parvient à l'électro-aimant, pour sortir enfin par le bouton négatif *n.*

Au moment de la fermeture du circuit, l'armature, ou pièce de fer doux P Q, est attirée par l'électro-aimant et, avec elle, tout le système oscillant s'abaisse; par suite de ce mouvement, le charbon inférieur descend et, comme en même temps la touche d'arrêt met en prise le moulinet d'encliquetage, les rouages restent inactifs et le charbon supérieur ne peut se mouvoir. Il y a donc séparation des deux charbons et formation instantanée de l'arc voltaïque.

Mais les charbons continuant à brûler, leur écartement augmente; l'arc voltaïque devient plus grand et la résistance augmente; par suite, l'intensité du courant diminue, et, avec elle, la force attractive de l'électro-aimant; or il arrive un moment où elle n'est plus assez forte pour retenir l'armature et vaincre l'action des ressorts antagonistes : c'est alors que le système oscillant remonte, et aussitôt le moulinet d'encliquetage se trouvant dégagé, les rouages fonctionnent et les deux charbons se rapprochent d'une fraction de millimètre. Par suite de ce rapprochement, l'électro-aimant redevient plus actif, de nouveau le système oscillant est entraîné par l'armature, et les charbons sont arrêtés dans leur marche l'un vers l'autre jusqu'à ce qu'une nouvelle usure provoque un nouveau rapprochement, et ainsi de suite.     (M.)

---

**Extrait du Bulletin de la Société d'encouragement pour l'industrie nationale, année 1867.**

---

Paris. — Imprimerie de madame veuve BOUCHARD-HUZARD, rue de l'Éperon, 5.

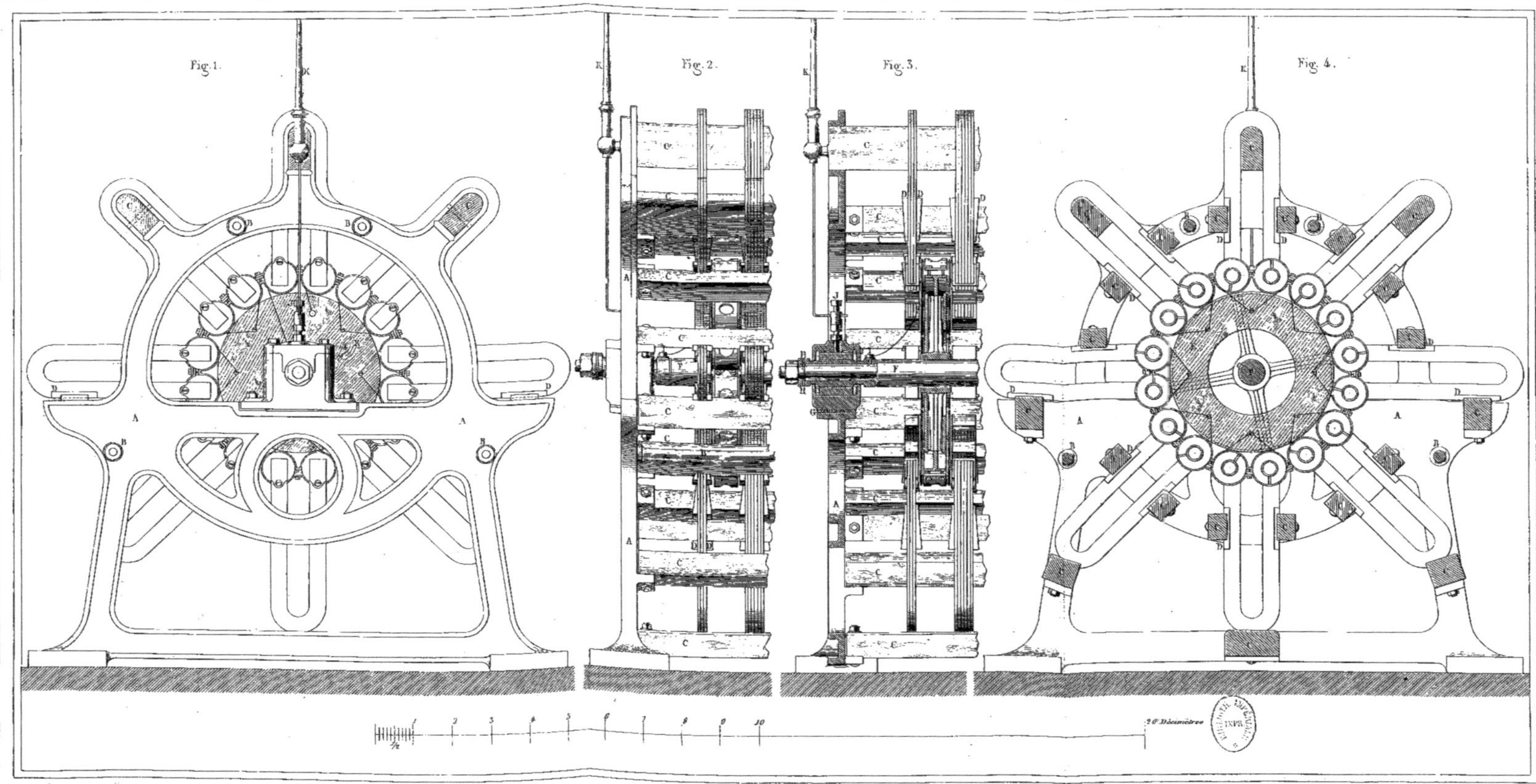


Imp. Lemoureux r. de Lacépède 38 Paris

Ad. Leblanc del. et sc.

MACHINE MAGNÉTO-ÉLECTRIQUE DE LA COMPAGNIE L'ALLIANCE.

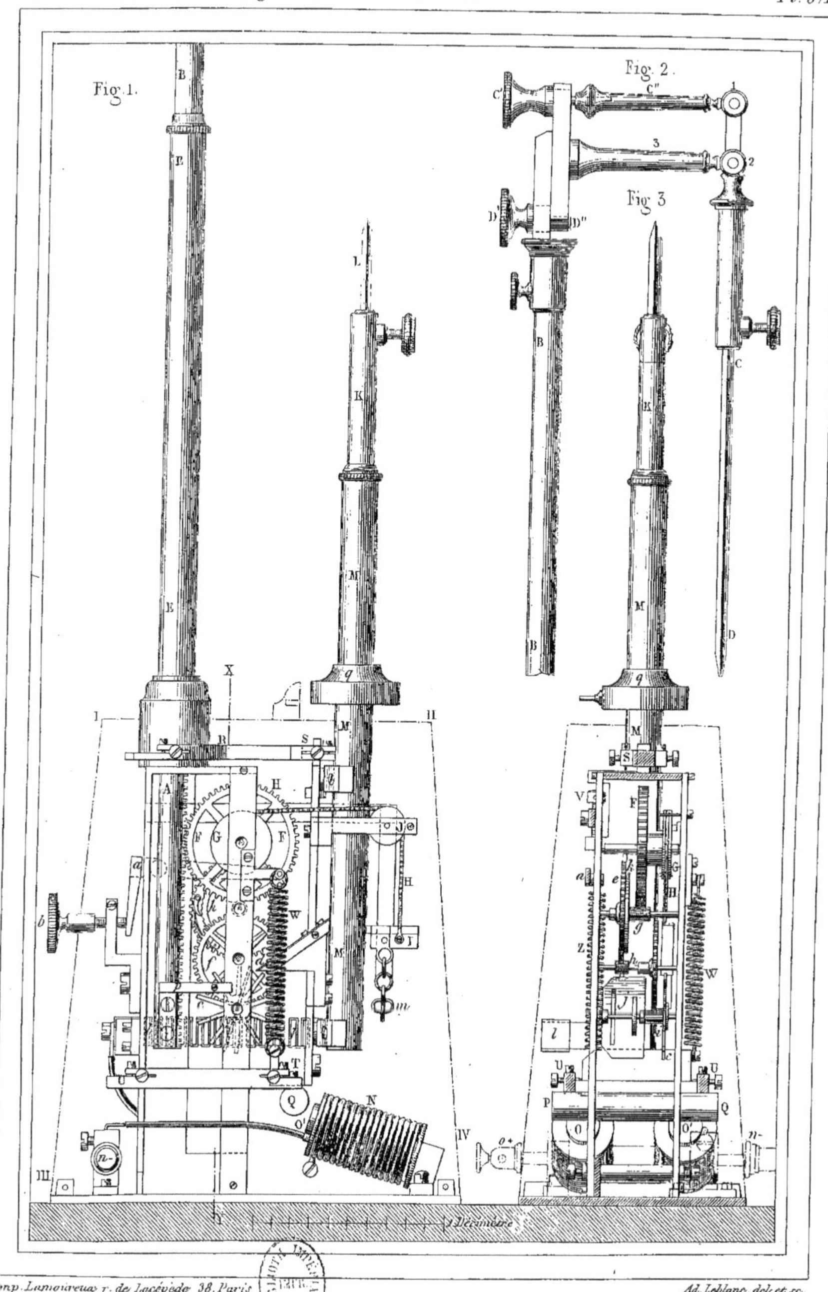




# RÉGULATEUR AUTOMATIQUE DE LUMIÈRE ÉLECTRIQUE PERFECTIONNÉ,
## SYSTÊME DE M. SERRIN.

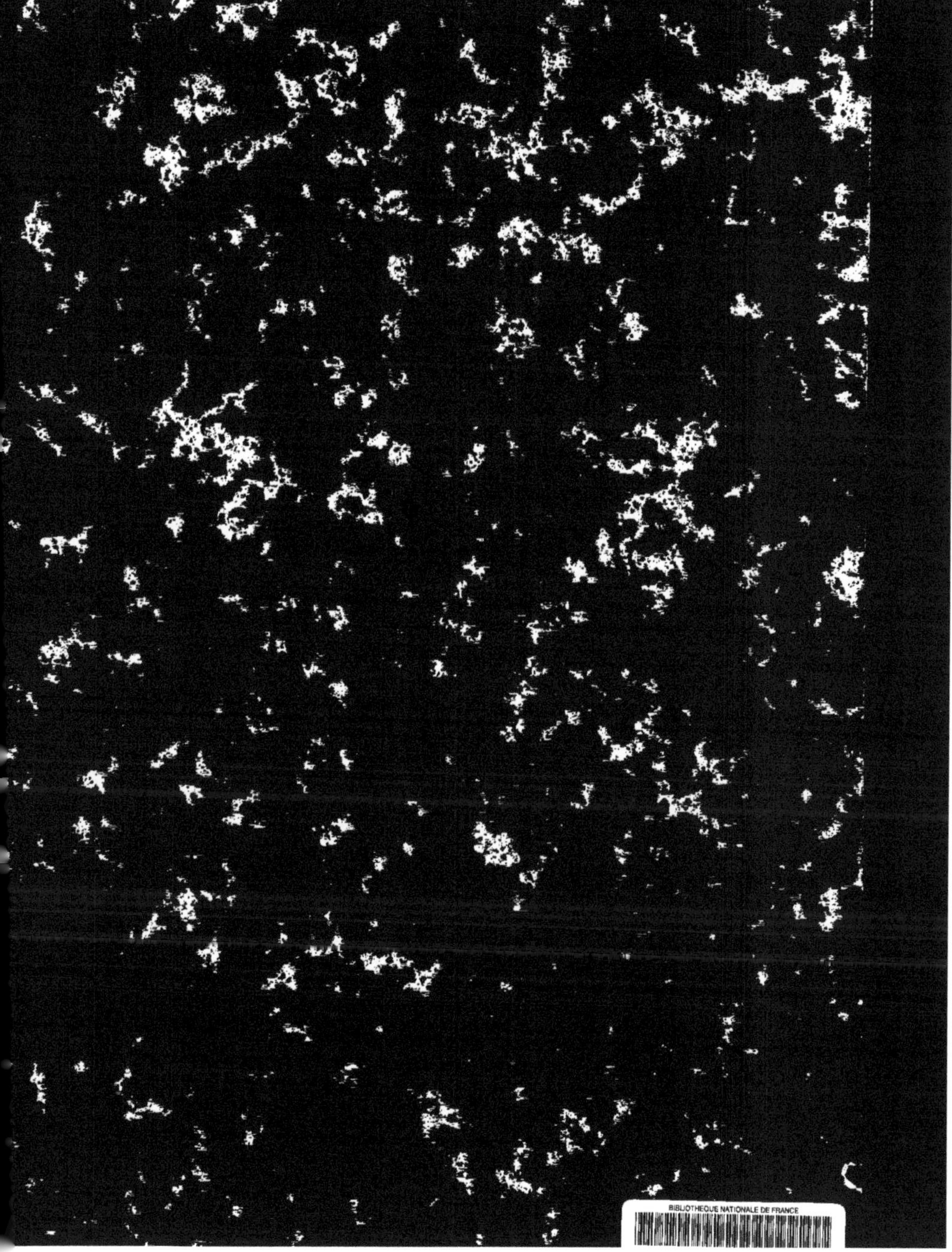